现代科普博览丛书

建筑艺术与绘画美学

JIANZHU YISHU YU HUIHUA MEIXUE

罗伟　编

黄河水利出版社
·郑州·

图书在版编目(CIP)数据

建筑艺术与绘画美学/罗伟编.—郑州:黄河水利出版社,2016.12

(现代科普博览丛书)

ISBN 978-7-5509-1487-2

Ⅰ.①建… Ⅱ.①罗… Ⅲ.①建筑艺术-关系-绘画-艺术美学-青少年读物 Ⅳ.①TU-851

中国版本图书馆CIP数据核字(2016)第175264号

出版发行:黄河水利出版社

社　址:河南省郑州市顺河路黄委会综合楼14层

电　话:0371-66026940　　邮政编码:450003

网　址:http://www.yrcp.com

印　刷:永清县晔盛亚胶印有限公司

开　本:787mm×1092mm　1/16

印　张:10.25

字　数:140千字

版　次:2017年2月第1版　　2020年10月第3次印刷

定　价:23.80元

目　录

一、宗教建筑

神庙

1.太阳中的鹰

在人类早期,由于不能科学地认识大自然,所以对许多自然现象产生出神秘的心理反应,如对太阳的光和温暖感的感激,对暴风雨、雷电的害怕等。这些心理汇集起来,一方面产生了许多神话,另一方面也就塑造了神。这就是人类早期的宗教现象。

古代埃及对太阳神特别崇拜,尊奉为万神之王,所以建造了许多太阳神庙。古埃及人对太阳神形象的塑造是很有趣的,他们认为太阳神就像一只鹰,它坐在太阳的圆球之中,这个圆球又安置在一条小船上,一直在天空和海洋上航行。这是多么丰富的想象!

埃及最大的神庙,要数底比斯城附近的卡纳克阿蒙神庙了。这座庙始建于公元前1550年的古埃及中王时期,以后历代不断有所扩建,直到公元前305年托勒密时期为止。

神庙平面基本对称,长336米,宽110米,沿长向轴线上有六道作戒备用的大门。第一道门最大,高达38米,号称塔门。在塔门和神庙之间,有一条40米长的通道,通道两旁排列着40尊巨大的狮身羊面和狮身牛面石像,好似一道别有情趣的迎送仪仗队。走过“仪仗队”,进入北大门,神庙大殿便展现在眼前。

神殿宽103米,进深52米。它又被称为石柱大殿,是阿蒙神庙的主体。大殿密密地排列着16列共134根高大的石柱,人进入大殿就像进入了森林一样。每根柱子上都刻有浮雕,柱顶呈绽开的花瓣状,很像倒放的大钟,优美异常,既增加了柱子的生动感,又使柱子和上部的梁结合得自然活泼。柱顶上可以安坐百人,尺度之大,令人叹为观止。

神庙内有个闻名遐迩的方尖碑,用整块大理石凿成,高30多米,重320吨,表面镀金,象征着太阳神的光辉。

穿过大殿,就是神庙的最后部分——神堂,是法老和僧侣们拜神祈祷的地方,一般人是不准入内的。

卡纳克的阿蒙神庙是世界上现存最大的神庙,它以宏伟的规模、精巧的工艺,吸引着世界上数以万计的参观者。

2.雅典的保护神

古希腊是欧洲文化的摇篮。早在公元前五世纪,古希腊人民就在艺术、哲学等多方面获得了辉煌的成就,创造了光耀千古的古典文化。古希腊数学家欧几里得、诗人荷马、哲学家苏格拉底、雕刻家菲狄亚斯都诞生在这里。建筑是古希腊最重要的艺术形式之一,希腊建筑所体现的古典建筑风格对欧洲建筑进程产生了深远的影响。

在古希腊建筑中最著名的是高居雅典城中央一个山冈上的卫城,城里有世界建筑史上无与伦比的杰作——卫城山门、帕提农神庙、伊瑞克先神庙。

帕提农原意为“处女宫”,建于公元前448年至公元前432年,

为纪念雅典人战胜波斯人，献给雅典城邦的保护神——雅典娜的，是卫城上最美丽的建筑。

神庙的平面呈长方形，建在一个三级台基上，总面积2100平方米，全部用白色大理石砌成。台基四周都是石柱围廊，柱高10米。屋顶为两坡顶，下面八根柱子，柱子上部设有山花，三角形的面上满是精致的浮雕，其内容是雅典娜的降生和雅典娜的许多功绩。这个建筑的美，首先在其整体比例的和谐。它以水平檐部横线条为主，以垂直的柱列纵线条为次。主次纵横，产生建筑的构图美。而且柱的高度和柱与柱之间的间隔，也经过严密的设计，形成一种最理想和最优美的比例。它的山花、檐部、柱子的实的部分和柱廊的空的部分，形成虚实对比，在阳光照耀下，显得十分得体。直到今天，许多建筑在形式上仍在效仿这种艺术法则。其次，还在它的材料与装饰。这个建筑用的是石材，但并不哗众取宠，而是简洁明快。上面的雕刻有重点、有节奏地布置，恰到好处。这种柱的形式称为陶立克柱，仅以匀称的比例和有力的线条取胜，不加装饰，看上去十分雄健。

帕提农神庙的室内空间简洁，长方向的两侧是实墙，短方向为正门，进去分前后两个厅，前厅为主，后厅为仓库，用来存放金银珠宝。前厅中间稍靠后的地方，就是雅典城邦的保护者，处女神雅典娜的雕像。这个雕像相传出自古希腊最著名的雕刻家斐地亚斯之手。这个雕像用黄金嵌象牙做成，高12米。雅典娜头戴金盔，盔的正中有一个神兽格列芬的形象，两边是狮身鹰嘴长有翅膀的女怪斯芬克斯。处女神右手托着胜利女神，左手执大盾，盾上刻着希腊人与阿马戎人战斗的场面。据说雕刻家斐地亚斯自己的形象也列在其中。处女神的服饰，乃是典型的希腊服装，宽宽的，有许多垂直线条的褶纹，显示出无限的韵律美。可惜，这个伟大的杰作如今已不知去向，今天我们所见到的，是1880年发现的一个高约1.5米的仿制品了。

帕提农神庙体现的典型格局方式,柱式构图法,建筑与雕塑的结合手法,代表了古典建筑艺术的最高成就,被后世引为楷模。它是世界艺术宝库中的珍品,古典艺术风格的象征。

神庙历经沧桑,于1687年大部分毁于威尼斯人的炮弹,如今只剩下残垣断柱了。

3.戴帽子的混凝土圆桶

当希腊文明逐渐凋谢之时,又一个强大的奴隶制帝国在亚平宁半岛诞生了,这就是著名的古罗马帝国。它全盛之时,统治着东起小亚细亚和叙利亚,西到西班牙和不列颠,北面包括高卢(今法国大部),南面包括埃及和北非的广大地域,成为一个地跨欧、亚、非的大帝国。一方面,古罗马直接继承了古希腊晚期的建筑成就;另一方面,古罗马文化与伊达拉里亚、叙利亚、埃及等地文化不断融合,使古罗马建筑成就达到了奴隶制时期的世界巅峰。

古罗马建造了许多神庙,万神庙是其中最杰出的一座,它代表了罗马工程技术的最高成就。

万神庙即供奉众神之庙。同希腊晚期的庙宇一样,万神庙也建在广场边上。它坐南朝北,建于公元一世纪哈德朗皇帝统治时期,至今保存完好。

站在庙前广场从外部看万神庙,它仿佛是一只巨大的带穹顶的混凝土圆桶,紧靠在前面深深的柱廊上。柱廊正面是八根等距离排列的大理石圆柱,这些圆柱有五层楼高,几乎三个人才能抱拢。柱廊是从旧万神庙拆过来的,艳丽浮华。它的棱角分明,与圆桶形的神庙本身连接显得过于生硬,但柱身、柱头上细腻的雕刻使神庙单调的外表富于了变化。

神庙的内部是一个硕大无比的圆形大厅。屋顶是一个半球形的穹顶,直径43.2米,是罗马跨度最大的穹顶。在此之前,最大

的是阿维奴斯浴场的穹顶，直径大约38米，万神庙一举创造了直径43.2米的最高纪录，并把这个纪录一直保持到19世纪工业革命以后。

进入神庙看到的是苍穹般的辽阔空间。神庙的内壁分为两层，上半部覆以半球形的穹顶，作五排环状分布的藻井，逐排向上收缩，下大上小，增强了整个穹面深远浑圆的效果。下半部按黄金比例又分成两层，下层立一圈石柱，上层设七个壁龛，每个壁龛内供奉着一位星座之神。按照当时罗马人的信仰，穹顶象征天宇。在穹顶中央开一巨大的圆洞，作为唯一的采光口，阳光呈束状射入殿堂，随太阳的移动产生强弱明暗的变化，依次照亮七个壁龛内的雕像，使信徒身临苍穹之下，产生出对天国的心灵感应，仿佛正在与众神对话。

在古罗马帝国时期，混凝土的运用已经十分广泛，古典力学知识也已十分丰富。万神庙的墙壁就是用混凝土浇铸而成的。为了减轻重量，以便有效地承担穹顶产生的压力，下半部的壁厚达6米，越往上越薄，并有意在内侧装饰壁龛和藻井，既减轻了压力又节省了材料，还取得良好的艺术效果。

万神庙内部空间简明划一，几何形状单纯明确，结构体系完整明晰，给人一种宁静深远的气氛，让人体验到天堂的完美和谐。米开朗琪罗曾认为这不是人而是神的作品。万神庙的建筑艺术和技术成就在古典建筑史中占有重要的一席之地。

教　堂

1. 石头组成的交响乐

看过法国大作家雨果的小说《巴黎圣母院》或者同名电影的

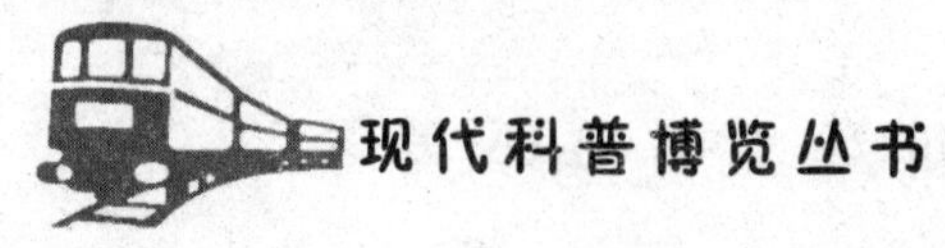

同仁,无不知道巴黎圣母院这个名字。这个早期哥特建筑的最伟大杰作,不仅因为雨果的小说,更因为它是巴黎最古老、最壮丽的教堂而名扬于世。

巴黎圣母院始建于1163年,历时约150年,直到1320年才建成。到了19世纪,又在上面加建了个尖塔。

巴黎圣母院是一座典型的"哥特式"教堂。

哥特式,原是从哥特民族中演化过来的,指的是北方野蛮民族,含有贬义。但后来也就失去了它的褒贬性,变成了当时一种文化的名称了。哥特式建筑有什么特征呢?最重要的就在高直二字,所以也有人称这种建筑为高直式。哥特式教堂的平面形状好像一个拉丁十字。十字的顶部是祭坛,前面的十字长翼是一个长方形的大厅,供众多的信徒做礼拜用。教堂的顶部采用一排连续的尖拱,显得细瘦而空透。教堂的正面往往放一对钟塔。哥特式教堂的造型空灵轻巧,又符合变化与统一、比例与尺度、节奏与韵律等建筑美法则,具有很强的美感。

巴黎圣母院的平面呈横翼较短的十字形,东西长125米,南北宽47米。东端是圣坛,后面是半圆形的外墙。西端是一对高60米的方塔楼,构成教堂的正面。粗壮的墩子把立面纵分为三段,每段各有一门,当中是被称作"最后的审判"的主门,右边是"圣安娜"门,左边是闻名的"圣母门"。进门后大厅中端着怀抱圣婴的圣母玛利亚,玉石雕刻,慈祥而端庄。这种门一个套一个,层层后退,形成哥特式教堂的典型特征——尖圆拱券。两条水平方向的雕饰把三个门联系起来,下层的装饰带是28个尺度很大的法国历代君王的雕像,正门的正中是一个直径10米的圆形玫瑰窗,精巧而华丽。两侧的尖券形窗及垂直线条与小尖塔装饰,都带着哥特式建筑的特色——高耸而轻巧,庄严而匀称。

在尖峭的屋顶正中,一个高达106米的尖塔,直刺天穹,好像

要把人们连同这教堂一起送上天国。教堂正厅顶部有一口重达13吨的大钟，敲击时钟声宏亮，全城可闻。巴黎圣母院的主立面是世界上哥特式建筑中最美妙、最和谐的，水平与竖直的比例近乎黄金比(1∶0.618)，立柱和装饰带把立面分为九块小的黄金比矩形，十分和谐匀称。后世的许多基督教堂都模仿了它的样子。

巴黎圣母院的内部并排着两长列柱子，柱子高达24米，直通屋顶。两列柱子距离不到16米，而屋顶却高35米，从而形狭窄而高耸的空间，给人以向天国靠近的幻觉。

巴黎圣母院之所以闻名于世，主要因为它是欧洲建筑史上一个划时代的标志。在它之前，教堂建筑大多笨重粗俗，沉重的拱顶、粗矮的柱子、厚实的墙壁、阴暗的空间，使人感到压抑。巴黎圣母院冲破了旧的束缚，创造一种全新的轻巧的骨架券，这种结构使拱顶变轻了，空间升高了，光线充足了。这种独特的建筑风格很快在欧洲传播开来。

巴黎圣母院是巴黎市著名的历史古迹，雨果曾在小说中称赞它是由巨大的石头组成的交响乐。

2.意大利文艺复兴的纪念碑

圣彼得，是《圣经》故事里的一个重要人物，是耶稣十二门徒中的第一号门徒。相传彼得本是个渔民，和父亲西门·约拿及弟弟安德烈以打鱼为生，过着清苦的生活。后来他和弟弟安德烈一起跟随了耶稣，宣扬基督教义。耶稣殉难后，他和其他几个门徒一起在耶路撒冷成立了教会。然后去罗马传播教义，不幸被捕，临刑时他表明自己是耶稣的仆从，不配与耶稣受同样的刑罚，于是被倒钉在十字架上就义。圣彼得开创了罗马教区，以后的罗马教皇都称自己是圣彼得的传人。因此，在圣彼得的基地上，建造了一座纪念性的教堂，即圣彼得大教堂。

圣彼得大教堂始建于公元四世纪，当时的建筑是一个早期的基督教式的建筑。16世纪初，教皇尤利亚二世为宣扬教廷统一国家的宏图，为表彰自己的丰功伟绩，决定重建圣彼得大教堂，并作为自己的葬身之地，他说："我要用不朽的教堂来覆盖我的坟墓。"于是，教廷计划建造一个规模超过古罗马万神庙的大教堂。

当时，正值文艺复兴运动的高潮，人文主义思想很活跃。设计师伯拉孟特把建筑平面设计成正方形与希腊十字式迭合的集中式平面，中央一个大厅，四面以同样形状和大小的小厅延伸出来，形成较强的宗教纪念气氛。可是，这个设计方案与天主教精神不符。伯拉孟特死后，教皇立奥十世任命画家拉斐尔负责教堂设计，要求将原设计改为正统天主教会的拉丁十字平面，"十"字的一臂特别长，形成一个较大的厅，这既符合天主教仪式的空间要求，更象征了耶稣受难的十字架形。这是两种思想的斗争，前一个方案代表了文艺复兴的人文主义思想，后一个方案代表了中世纪宗教禁欲主义，强调了神的精神力量。后来罗马发生了两件大事：因反对教会以修建圣彼得大教堂为借口发售赎罪券的宗教改革运动，西班牙军队入侵罗马，使工程停顿了近三十年。直到1547年，教皇保罗三世委派杰出的画家、雕塑家、建筑家米开朗琪罗主持教堂工程。米开朗琪罗抱着使古罗马所有建筑"黯然失色"的宏大理想，凭借他的地位和声望，将修改的拉丁十字平面恢复到最初的集中式构图，并设计了比半圆稍稍拉长的饱含弹力的中央大穹顶。工程进展顺利，到1590年已基本建成，大穹顶直径42米，高138米，是罗马城最高的建筑。在巨大的穹顶边上，各设一个小的圆穹顶，与大穹顶互相呼应，显得十分和谐。然而，17世纪初，随着文艺复兴运动的示威和天主教会的复辟，教堂的命运再次遭受挫折，教皇保罗五世下令拆去了米开朗琪罗设计的正面门廊，改成一个长长的大厅，部分恢复了拉丁十字平面形状，使人

们在近处无法看到大穹顶的完整轮廓，大大损害了原设计的雄伟庄严。1655~1667年，建筑家贝尼尼设计了大教堂的入口广场，为从正面观赏教堂开辟了广阔的视野，成为一大杰作。

圣彼得大教堂是进步的人文主义思想与保守的天主教会势力斗争的产物，它突出表现了建筑所具有的深刻的思想性。

3. 土耳其海峡上的大教堂

公元395年，罗马帝国因两个王子内讧，终于分裂为东西两部分。原来的罗马为西罗马，另一部分向东迁到君士坦丁堡(现在的伊斯坦布尔)，建立了拜占庭帝国，即东罗马。

基督教也因此分裂为天主教和东正教。欧洲西部的法国、德国、意大利等地信奉天主教，而东正教地处希腊、小亚细亚一带，向东一直延伸至俄罗斯。东正教的中心设在君士坦丁堡。他们虽然也奉行“七件圣事”(即圣洗、坚振、告解、圣餐、终傅、神品、婚配)，但不承认罗马教皇是全世界的教会首领。

圣索菲亚大教堂是东罗马的重要建筑，建成于公元537年，是东正教的中心教堂，也是皇帝举行大典的宫廷教堂，被后世称为“中世纪七大奇迹”之一。

教堂的规模相当巨大，由于君士坦丁堡地处土耳其海峡，所以从海上就可以看到圣索菲亚大教堂。它的平面略呈长方形，东西长77米，南北宽72米。

教堂前部原是一个华丽的庭院，周围有柱廊环绕，中央是施洗的水池，现在这些建筑已经倒塌损坏了。穿过庭院，经三联门到外前廊，再到宏伟的大前廊。廊长61米，宽9米，分为上下两层。上层为教堂中游廊的一部分，下层是供新教徒或忏悔者举行宗教仪式的地方。

教堂的中心是一个高大的圆穹顶，中间的大厅是椭圆形的，圆顶距地面60米。边上有两个稍低的球面形状的屋顶，形成庞大而又有节奏的建筑外形。中间高大的圆穹顶下部排着一圈小窗洞，总共有40个，光线射入厅内，使大穹顶显得轻盈透亮。大厅内的门窗玻璃是彩色的。柱子和墙面用黑白红绿等彩色大理石拼成，圆穹顶用金色和蓝色的玻璃马赛克贴成，整个大厅绚丽夺目，气派非凡。但教堂的外表色彩却十分素淡，用的是陶砖，外面再抹灰浆，看上去朴实无华，有肃穆之感。

教堂中央部分的南北两边有廊道，各宽15米，分为上下两层。上层是女信徒参加宗教仪式的地方，下层是普通市民集合场所。廊道与大厅相连通，用柱列作空间分隔。

1453年，土耳其人攻陷君士坦丁堡，拜占庭帝国灭亡。土耳其人将君士坦丁堡改名为伊斯兰堡，并作为奥斯曼土耳其帝国的首都。由于土耳其人信奉伊斯兰教，于是在教堂外的四个角加建了四个细高的尖塔，使它具有伊斯兰清真寺的特征。这个建筑特征直到现在仍能从许多新建的伊斯兰清真寺见到。圣索菲亚大教堂从而顺理成章地成为伊斯兰教的大清真寺。

1935年，土耳其政府将它辟为博物馆。

4.熊熊燃烧的火焰

到过莫斯科红场的人，一定会对华西里·伯拉仁诺大教堂记忆犹新。这个形状奇特多变，色彩绚丽魔斓的建筑，的确是很吸引人的。

1552年，俄罗斯人攻陷了蒙古人最后一个据点喀山，结束了长达两个世纪半的外族侵犯奴役，同时喀山分国和阿斯特拉罕合并入俄罗斯，举国欢腾。为纪念这一重大胜利，伊凡雷帝下令建造伯拉仁诺教堂。从1555年起，工程进行了六年，开始称“壕堑边上的波克洛夫斯基教堂”，后改名为“华西里·伯拉仁诺大教堂”，

建筑师是俄罗斯人波斯尼克和巴尔马。

教堂位于克里姆林宫外红场的南端，几个小教堂围绕一个中央教堂，由一个正方形的大平台联合成一体，对角成轴线，向着广场，形成十分活泼多变的整体轮廓。中间的教堂又高又大，是建筑组合的中心和主体，为帐篷顶造型，尖塔上顶着一个球形的尖顶，总高度为46米，统率着周围八个形状、高低、大小各不相同的葱头式圆尖顶。

这个建筑的外形之美，源于它符合了建筑艺术的法则。

首先是变化与统一的法则。这八个小教堂的圆尖顶造型是统一的，但又有一定变化。有的直条纹，有的螺旋条纹，有的有小花点，大小和高低也不相同。这些形象不但富于变化，而且有节奏和韵律美。

其次是均衡与稳定的法则。教堂在形体上是中心对称的，一个大的在中间，四个较小的在最外层，四个最小的夹在中间，既有规律，又很均衡。而人在红场上或者其他任何地方看去，则对称的位置总是少数，大多数的位置看到的总是不对称的形体。这种形体又由于它的高低错落，所以极富均衡感。

再次是比例和尺度的法则。教堂设计注意了高度方向的比例关系，圆尖顶和下部的比例是和谐的，高的教堂与低的教堂之间的比例更为合宜，看上去好像再也不能改动了。从尺度上看，则既宜人而又有宗教气氛。

另外，从象征和隐喻来说，这个教堂也表现了较好的效果。它的建筑用色极为大胆华丽，红砖墙体饰以白石镶边，圆尖顶上金光闪烁，配以鲜艳夺目的红黄绿色，整个建筑以极度的丰富——复杂错落的形体轮廓，对比浓烈的色彩效果，达到了一种高度的和谐统一。它形如一簇熊熊燃烧的火焰，欢畅而热烈，给人一种运动感、凝聚感和欢乐感，洋溢着民族胜利的喜悦与骄傲。

结束了异族的统治，众多的民族团结在伟大的名字——俄罗斯的周围，欢欣鼓舞的心情，在大教堂建筑形象上得到了充分的表现。

5. 上帝的声音

朗香位于法国东部的浮日地区，周围是河谷和山脉，山冈上原有的教堂毁于二战。1950年，朗香村民请世界著名的建筑师勒·柯布西埃设计一座教堂。柯布西埃起初并不愿意接受委托，认为这座不起眼的小教堂与他的大师身份不符。后来他独自一人来到朗香，实地勘查了周围的地形地貌，灵感涌上了心头，他仔细进行了测量，别出心裁地设计出这座震惊了整个建筑界的小教堂。

朗香教堂的规模非常小，只能容纳百余人，当大批香客涌来朝圣时，宗教仪式就在室外东面的开阔场地上举行，这时可以容纳一万多人。

柯布西埃把设计重点放在建筑造型上和建筑形体给人的感受上。教堂仅有一层楼高，但外形奇特，无论是墙面还是屋顶，几乎找不出一根直线。教堂的平面由许多奇形怪状的圆弧形的墙围成，南面的墙不与地面垂直而呈圆弧形，稍稍有些倾斜状。墙面上开着大大小小方形或矩形的窗洞，像碉堡上的射击孔似的，有的外大内小，有的外小内大，形状各异又都嵌入彩色玻璃，窗口分布杂乱无章，使人无法从外部判断教堂到底有几层楼。教堂的入口设在南端，在横向卷曲的大墙面与垂直耸立的圆筒形墙体交接的缝处。进入室内是一个长约25米，宽约13米的空间，一半安置了坐椅，一半空着，供坐着和站着的祈祷者使用。圣坛在大厅的东西，墙面仍然是向内弯曲的弧形线，圣母像就安放在墙上的窗洞中。圣母像可以转动，当教徒在东边空地朝拜时，窗上的圣母像就面向东方朝着空地上的圣徒。厅内还有三个龛形的空间，

是供少数人祷告的神龛，它们向上挺拔，凸出于主体建筑的半圆柱，其形如塔楼。

教堂的屋顶是由两层钢筋混凝土薄板组成的，之间的最大距离超过2米，底层向上翻起，在边缘与上层合拢。屋顶自东向西倾斜，西端的混凝土管子可以把雨水排到地面水池中。东面是布教的讲台，挑出并向上翻卷的屋顶形成了一个极为宽阔、向外敞开的空廊，柯布西埃曾解释过如此设计的目的，向上翻卷的屋檐和弧形的墙面有利于讲道时把声音向外扩散然后反射出去。

朗香教堂那奇特的外表、光溜溜的塔楼外观、巨大的屋顶使整个建筑美妙无法言传。无论你从哪个方向来看这座建筑物，都会觉得它有悖常规，当你面对一个墙面时根本无法想象另外几面墙的样子。它与中世纪教堂的建筑风格相比极具细致的象征性，因而被称为象征主义派教堂。它那沉重的屋顶和封闭的高墙暗示了这里是信徒的庇护所，挑起的东檐有如指向天堂，开敞的空廊向朝拜者表达了热烈的欢迎。柯布西埃认为教堂应该是一个“高度思想中与沉思的容器”，因此作为教堂建筑就“要像听觉器官那样柔软、细巧、精确和不能改动”。

朗香教堂仿佛一件实实在在的混凝土雕塑，人们把这种抽象的建筑艺术手法称为“塑性造型”。有人说朗香教堂像人的耳朵，从这里可以聆听到上帝的声音。

6.莲花绽开喻纯洁

宗教在建筑史上占有重要的地位，尤其是19世纪以前的宗教建筑，即工业社会以前的宗教建筑。不同时代、不同地域为不同宗教服务的宗教建筑呈现着各自明显的特征。古希腊神庙的端庄典雅，优美绝伦；中世纪哥特式大教堂高直削立，引导精神的升华；文艺复兴时期大教堂的宏伟气魄，震撼人心。这些宗教建筑在一个历史阶段里都形成大量的复制。因而,历史上的宗教建筑往往是因循守旧的。随着现代工业技术的发展,近几十年宗教建筑创作出现了突破。现代大师柯布西埃设计了著名的朗香教堂,独特的雕塑感造型充分体现了混凝土的可塑性。约翰逊设计的迦登格罗夫水晶教堂,引得牧师欣然宣布:“上帝喜欢水晶教堂胜过石头建造的教堂”。

20世纪80年代,宗教建筑又有了新的突破。名不见经传的伊朗青年建筑师法瑞伯兹·沙巴设计建造的印度巴赫伊教礼拜堂,必将成为世界建筑之林中的不朽之作。

巴赫伊教礼拜堂采用具有强烈雕塑感的莲花造型,在一层层同心圆内由外向里布置水池、台基、入口和礼拜大厅。含苞欲放的莲花由三层共27个莲花瓣组成了墙和顶。上面两层花瓣曲弧向内,其间巧妙地利用了天窗来光,使直径70米,可容纳1200个座位的圆形礼拜堂光线充足。下面一层花瓣向外张开,构成了九个进入礼拜堂入口上的雨罩。礼拜堂外圈有九个舒展的水池,使这座白色建筑物俨若水面上飘浮的一朵纯洁的莲花。它的合理的使用功能,建筑与结构完美结合产生的室内空间艺术效果与完整美好的建筑造型,说明现代高技术能满足物质功能和精神功能的双重需求。

莲花在印度的美术和建筑中是常见的圣洁的装饰形象,但建筑师赋予它新的内涵,使莲花礼拜堂成为巴赫伊教教徒们心目中美好的象征。

7.圣保罗教堂

圣保罗教堂原址为德国基督教捐助会所建的德国俱乐部,南依观象山,位于南高北低的坡地上。主入口设在东侧,平面呈不规则自由式布局,建筑由教堂、塔楼和教会楼三部分组成,24米的

高耸塔楼作为立面设计的构图中心。由于建筑邻近道路交叉口，且处高位，因而成为几条道路的对景点，反映出选址的考究。

教堂建筑墙体采用红砖堆砌的清水墙面形式，用白色水泥勾勒砖缝，给人以质朴和亲切的感觉。这种直接袒露建筑砖墙原貌，以砖为主做成材料的做法，因青岛空气湿度大且具腐蚀性的原因，除早期在前海出现几处外，20年代后已不多见。而通体使用热烈的红砖，不加任何掩饰的自然做法，尚为首例。这使得圣保罗教堂像一座红色的古堡，浸染在肃穆的宗教范围中，神秘而又庄严。不知道这样一种做法，跟德国设计师的东正教文化背景是否有关联。但从整体风格上观察，设计受西欧乡间建筑的影响痕迹明显。

四层的四方形塔楼作为设计重点，线条流畅，庄重大方。顶部二层观赏式露台高约5米，分层设檐口。四面小陶立克石柱围成景窗，窗口砖砌拱券。设计师尤力甫这种做法使观者的视线自然被吸引集中到塔端。除塔楼外，教堂和教会楼亦是红砖外墙，顶部覆红瓦坡屋面，基座配花岗岩石。300平方米的教堂大厅高10余米。

1940年落成的鲁东信义会圣保罗教堂是青岛地区宗教建筑的一个辉煌的尾声，其与圣弥爱尔大教堂、斯泰力修会圣言会会馆、圣心修道院、柏林传教会、魏玛传教会一起，构成了一幅异域色彩浓郁的宗教建筑景观。

1941年太平洋战争爆发，圣保罗教堂被日军查封，后几经交涉才得以恢复礼拜，从那时起，圣保罗教堂走上自立道路。1945年日本投降后，美国信义会差会重回青岛，但圣保罗教堂仍维持自立。1948年，在圣保罗教堂举行了为期3天的庆祝信义会在青岛建立50周年大会，并印发了50周年纪念特刊。

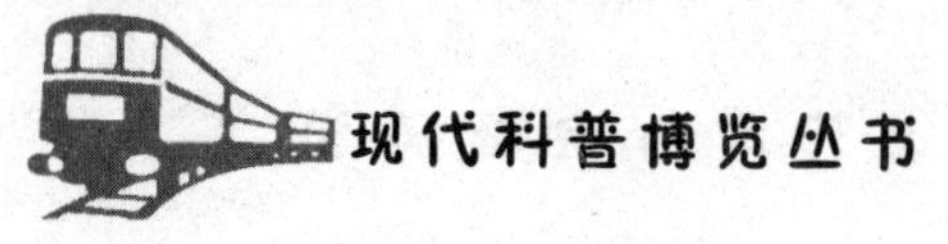

8. 信义会圣路德堂

信义会圣路德堂位于日本人欲图建设为市中心区的台东镇，处棋盘式布局的大量二至三层建筑群的中间。建筑原址为1900年德国传教士昆祚创办的信义会柏林教会礼拜堂，1925年美国信义会差会接办柏林教会会务以后，改名为青岛基督教中华信义会清和路教堂。1940年由美国信义协会路德青年团国外布道会捐资，在旧教堂基础上扩建为新的建筑，定名为尔镇信义会圣路德堂。据记载，圣路德堂牧师1900年为陶义修，1925年为郭约翰，1933年为吴焕新。

圣路德堂建筑平面呈矩形，是一座模仿中国宫殿风格的建筑。但在建筑的细部做了许多基督教式的装饰。建筑底部置高台阶，顶部为大屋面歇山式，墙面上设高窗。建筑的结构形式为钢筋混凝土结合木、石的混合体系。由于建筑设计出自外国人之手，且其功能是服务于欧洲的宗教，却又选用了中国古典建筑形式，所以许多细部和格调使人感到有张冠李戴的造作，极不和谐。另外建筑与周围环境的关系处理得也极为局促，主入口需经过原旧教堂后进入，非常不明显。较之此前青岛已相继完成的大量宗教建筑，圣路德堂是一座并不成功的作品。但建筑师艾慕尔·尤力甫尝试将西方宗教中国化和平民化的努力，却也可谓用心良苦。此前将教堂建筑设计成中式风格的例子已经出现，如北京王府井救世军教堂、北京中华圣公会、宁夏银川天主教堂等。

1925年美国信义会接办柏林教会以后，成立鲁东信义会。杨光恩牧师负责的青岛公会下辖青岛、东镇、李村、台东、薛家岛、濠北头、登瀛、阴岛8个教会。1942年，美国信义会差会传教士被日军扣押至潍县集中营，信义会产业全为日军占有，教务活动由德籍传教士维持。

1945年8月，李明华随美国舰队以陆军牧师身份来青岛，代表美国信义会接收各地被日军占有的教产及所属事业。在青岛工作过的美国信义会传教士，亦都大部重返。1948年，鲁东信义会在圣保罗教堂举行了为期3天的庆祝信义会在青岛建立50周年大会。是年下半年，美国信义会差会将教务重点南移。

寺 庙

1.一只巨大的飞鸟

日本的佛教文化，大约是从公元6世纪起由中国传入的。中国的佛教是从印度传入的。东汉永平十年(公元67年)随着第一部佛经的汉译，标志着印度佛教正式传入中国。在此之后，中国大兴佛教，佛经、佛寺遍及各地，真可谓“南朝四百八十寺，多少楼台烟雨中”。而从魏晋南北朝之后，佛教渐渐地中国化了，特别是自禅宗以来，进一步与中国的儒学思想和道教思想合流。因此，日本的佛教，基本上承袭了中国佛教。

中国佛教传入日本，同时也带去了大量与佛教有关的中国文化。唐代高僧鉴真和尚曾协助建造了唐招提寺，他还带去了大量的建筑技术工人。当时在日本奈良，建造起许多中国式的寺院，这种建筑形式被称为“唐式”或“禅宗式”。

日本现存最古老的佛教寺院法隆寺就是“唐式”建筑的一个很好的例证。它建于公元711年，位于奈良西南，南北向布局，规模宏大，南门至西院上御堂约为270米，西大门至东院门约为540米，为平安时代的奈良七大寺之一。其主要建筑群包括西院、东院及西园院。

西院为法隆寺主要建筑群。其中有金堂、五重塔、大讲堂、上御堂、钟楼、鼓楼、东西僧房、圣灵院、三经院等。附属部分有食堂及仓库等。

东院原基地为圣德太子斑鸠宫遗址，公元739年僧信馆在此建寺，是为现在的法隆寺东院。其中有梦殿、礼堂、绘殿、舍利殿、传法堂、钟楼等。

西园院位于南大门内西侧，1288年建，为寺院的一组服务性建筑，其中有客殿、新堂、地藏院、大浴室等。

此外，尚有普门院、律学院、福生院等大小寺院布置于东西院之间。西院前的镜池及并天池为佛教寺院中常见的放生池，系后世所建。

法隆寺整体布局的特点是：金堂与五重塔并列左右，呈非对称式分布。佛教寺院多为严谨对称式，法隆寺是个例外。舒展的金堂和高耸的五重塔并列寺中，体量形态相距甚远，在空间形态上却取得了和谐统一的效果，构成了一组均衡协调的建筑群，是经过一番苦心琢磨的。

金堂是日本现存最早的木结构建筑。为了能与五重塔在形态上协调，平面近正方形，采用重檐歇山式屋顶。

五重塔是日本现存最早的佛塔。塔为木结构，台阶及基座为花岗石。1~4层为三开间，逐层收分，五层为两开间。它是一座典型的中国隋唐时期的木构楼阁式佛塔，只不过它出檐甚为深远，强调了横线条，上面放着约占塔身一米高度的塔刹。五重塔总高32米，共五层，底层很大，也是中国传统做法。

这座佛塔比例和谐，高耸中宁静而平稳，反映着佛教的观念形态。当时的人们却形容它象征着一只巨大的飞鸟，刚刚从中国飞来，双爪已经落在日本的国土，但两只巨大的翅膀还没有收起来。这一刹那的动态为古塔增添了动人的文化色彩。

2.森林中的石城

柬埔寨是个具有悠久历史和古老文化的国家。公元9世纪初,苏利耶跋摩二世统一并重建高棉王国,把都城建在吴哥地区。此后漫长的600年被称为吴哥王朝,高棉王国成为印度支那半岛上的一个强国,经济发达,文化繁荣。吴哥地区风格独特的建筑和雕刻艺术,是柬埔寨古代文化发展史上的一个高峰,是一种可以同当时世界最先进的文明相媲美的历史文化。由于风雨的剥蚀,有的已成为废墟,今天仍然保留下来的大量遗迹被称为吴哥古迹。这个举世闻名的遗迹成为东南亚的一个游览胜地,它同中国的长城、埃及的金字塔、印度尼西亚的婆罗浮屠并列,称为东方古代的四大奇迹。

吴哥古迹是由一组组宏伟的石构建筑和精美的石刻浮雕组成,以吴哥通王城(大吴哥)和吴哥窟(小吴哥)为主,共有大小各式建筑物600余座,散布在45公里的森林中,位于洞里萨湖的西北,距首都金边约240公里。

12~13世纪是吴哥文化发展的鼎盛时期,吴哥窟和吴哥通王城便是吴哥盛期文化的代表。吴哥窟又名吴哥寺,建于12~13世纪,是保存得最完好的吴哥古迹。它是一座供奉佛教和婆罗门教神像的庙宇。全部用砂岩石重叠砌成,基地广阔,周长约5公里,四周城池环绕,池阔200米,总面积在1万平方公里以上,城池内还有内外两道围墙。吴哥窟的全貌,俨如一座方形石城,层层回廊纵横相连,构成一个套一个的正方形。有东西南北四座门,西门是入口的正门,门前一尊多手观音像。正门的两边有一条230米的圆柱廊,正面立有庄严的纪念坊,坊前一条宽阔的中央大道。大道一边有一条七头那加神蛇的大石刻作为栏杆。寺正中高出的地方耸立着五座石塔组成的寺院。高耸的尖塔是吴哥寺的特征，它建在三层台基之上，最高的尖塔离地面6.2米，另外四座分布在第二层的四角，气象至为雄伟。吴哥窟的圣塔是柬埔寨王国的国徽。塔四面雕刻着婆罗门教和佛教的创造之神婆罗玛的头像，朝向四方。

吴哥窟的另一个特征是它的浮雕回廊，驿塔的三层台基，每层都有回廊环绕。最低一层的加廊壁高2米，周长800米，壁面布满浮雕，共约90幅，最长的达60米。题材大多取自印度史诗《罗摩衍那》和《摩柯罗多》中的神话故事。如“乳海翻腾”，讲的是神与魔为取得乳海中的长生不老药订下盟约，当他们潜入海底的马达拉山时，只有一条巨蟒盘踞在山上，于是两相争斗，翻江倒海。当马达拉山摇摇欲坠时，神变成一只大龟，顶住了山崩，而山下翻出了许多宝贝。就在这时，他未来的妻子克希米也从中诞生了，长生不老药也出现了。但当神正在高兴之时，魔企图偷取长生不老药，于是神魔相争。最后，虽然魔敌不过神，但却把长生不老药偷走，逃回茂璐山了。故事情节生动而曲折，而浮雕更是栩栩如生，姿态万千。其雕刻技法之娴熟，构思之精巧，寓意之深远，令人叹为观止。

15世纪以后高棉王国开始衰落，常受外族侵略，内部纷争不断，加之水利失修，国都被迫南迁至金边，吴哥古城也随着首都的迁移而衰落了，淹埋在浩瀚的林海中，无人问津达百余年。1954年，柬埔寨才成为独立的国家，吴哥古迹重新放射出绚丽的光彩，目前，修复吴哥古迹的计划已重新提上了议事日程，吴哥这一人类稀世之宝将抹去掩盖在它身上的尘埃重放光芒。

3.瞿昙寺

瞿昙寺被国内建筑界誉为“小故宫”，它坐落在青海省乐都县瞿昙乡新联村，距西宁88公里。“瞿昙”一词是佛教创始人释迦牟尼的姓氏。瞿昙寺是明朝朱元璋皇帝为在当时的罕东藏族部落中享有很高威望并忠顺朝廷、协助朝廷平乱的三罗喇嘛所建。永乐年间，明成祖朱棣又扩建瞿昙寺，派太监、指挥使等到瞿昙寺建成宝光殿、金刚殿、两厢廊、前山门，这之后又先后下达敕谕七道，诰命二道。该寺是我国西北地区保存最完整的明代初期的建筑群。瞿昙寺是藏传佛教格鲁派（黄教）寺院，完全采用汉族官式建筑形制。历经600余年至今仍保存完整，尤其难能可贵。

远望去，瞿昙寺飞檐翘壁古色古香，像是正诉说着一段美丽而神秘的故事。瞿昙寺背靠浑圆高大的罗汉山，面前有瞿昙河如玉带缠绕，不远的前方有振翅高飞的凤凰山和山顶积雪终年不化的南山，一片绿水青山的风水宝地!

瞿昙寺占地41.36亩，坐西向东。寺院沿中轴线左右对称布局，主要的建筑都坐落在中轴线上，周围低矮平缓的厢廊更衬托出建筑群的雄浑和生动活泼，设计独具匠心。整个瞿昙寺由山门、御碑亭、香趣塔、金刚殿、瞿昙殿、宝光殿、隆国殿、大小钟鼓楼、配殿组成。前区呈汉地佛寺“伽蓝七堂”格局，后区则明显仿北京紫禁城的布局。

瞿昙寺院内最宏伟的建筑是隆国殿和两侧的抄手斜廊，它们是依照故宫太千口殿之前身即明朝的奉天殿为蓝本而建，隆国殿前面左右对称的大钟楼、大鼓楼则模仿奉天殿两边的文楼和武楼（弘义阁）而建。其建筑无论从大木结构、斗拱形制，还是细部隔扇“簇六雪花纹”、枋头“霸王拳”，垂脊截兽小跑、平座滴珠板、鼓镜柱础，均与故宫建筑别无二致。抄手斜廊本为唐宋时期宫殿寺庙建筑遗规，屡见于文献中，而隆国殿两侧的抄手斜廊是国内现存唯一实物，所以极为珍贵。抄手斜廊以烘云托月之势把主体建筑隆国殿衬托得格外雄伟壮丽，使之呈现一派皇家殿宇风范。

宝光殿为重檐庑殿顶，面阔7间，进深5间，四面出廊。殿前东西相对的大鼓楼和大钟楼，阔3间，深3间，二层楼，亦为庑殿结顶。宝光殿前檐外明间、次间各安装四扇五抹隔扇，隔心做“菱花绣球纹”。廊内围砌厚墙，下肩做清水，内墙面均有大幅精美佛教壁画，是难得的永乐佳品。

隆国殿台基为红岩石雕须弥座形制，高2.3米，殿前明次之间出大月台，月台两侧设九级抄手踏跺，月台及台基四周以红砂岩望柱栏板。须弥座圭角部分雕三幅云，下枭尺寸大于上枭，皮条线相同，束腰玛瑙柱子雕金刚杵图案，与佛教相属。栏板下部做海棠池子，寻杖部分作净瓶荷叶，望柱头作宝珠。殿前方砖铺地用桐油钻生，近似金砖做法。柱础作鼓镜，抄手斜廊地面走道作礓礤，均为官式作法。

该寺抄手斜廊保存下来的400平方余米的壁画，工笔重彩描绘佛经故事，构图严谨，用笔细腻，亭台楼阁、山水人物等形象生动，均为明代和清代作品，具有高超的艺术水平，其艺术欣赏价值甚高。

现存文物有篆文“真修无碍”象牙图章一方，七星擢花宝刀一把，内加金银造铜钹一副，象牙和檀香木制佛珠各一串，明宣德二年制青铜巨钟一口。在隆国殿内有一座像背云鼓，红砂石雕琢，高2米，长1.3米。莲花座上卧一象，鞍、镫、笼、缰俱全，并饰璎珞，背负一香炉，缭绕烟云之中托一直径1米的皮鼓。大象鼻衔一枝莲花，作回视状，神态生动活泼，刻工精细。这是瞿昙寺众多石雕作品的代表作。寺藏文物都具有很高的历史和艺术价值。

距瞿昙寺十华里的南山脚下有药草台寺，历史上曾是瞿昙寺的下院。药草台寺建于明万历年间，那里以风景秀丽著称，乐都县十二景之一的“药台清泉”和“南山积雪”都在该寺附近。

4.能仁寺

该寺位于民和县城西面约20公里处的东沟乡麻地沟村西一

小山巅，又因寺处麻地沟地界，也称麻地沟寺。据传，该寺供佛原在金陵（今江苏南京）碧峰寺，明洪武年间，随南京竹子巷居民的谪徙而将神佛西迁至此并建寺供奉。寺之主持为青衣僧，据考证其派别与金陵碧峰寺突空智极皆出一宗，其排行也完全相同。以上，可作为“能仁寺”始建于明初之佐证。清同治年间，“大雄宝殿”部分被火烧毁，后又重新加固维修。现有前殿和正殿各一座，廊房、钟楼各数间，前殿名为“幽冥教主地藏菩萨殿”，殿内供奉地藏菩萨和韦驮天神；正殿名为“大雄宝殿”，殿内供奉释迦佛、弥勒佛、提和蔼罗佛。

值得一提的是，该寺中有一部源于唐朝《目莲救母变文》的大型戏剧剧本《目莲宝卷》，是手抄本，目前国内已无二存。中央戏剧学院一位教授看了这部《目莲宝卷》后说：“这是中国古老戏剧的活化石！”他要高价收购，带回北京，藏于国家图书馆。可是，麻地沟能仁寺的僧人和当地农民视镇寺之宝《目莲宝卷》比自己的生命还宝贵，给再高的价也不出让，至今还保存在寺中。

“能仁寺”每隔20~30年举办一次“刀山会”，规模与盛况闻名于西北，主要活动汇演“目莲救母”戏及上刀山。

5. 西来寺

该寺位于青海省乐都县碾伯镇东关，明万历三十四年（1606年）由佛教徒杨蕃等募捐兴建，竣工于明万历四十二年（1614年）。距今已有三百七十余年的历史。

该寺以古朴的木构建筑、精美的雕塑和具有很高艺术水平的工笔佛像画著称，是一处典型的佛教寺院建筑，虽经历代修葺，但基本上保持了原来的布局和面貌。建筑面积为2184平方米，由山门、中殿、东西两厢和大殿组成两进院落，庭院内绿树成荫，陪衬着朱红色檐柱和绿色的斗拱，环境十分幽雅。山门面宽3间，进深

1间,中为门廊,东西为泥塑四大金刚。中殿和东西两厢,均为硬山式建筑,是供佛像的所在。大殿面宽5间,进深3间,单檐歇山顶,伫立在高大的台基上,十分雄伟壮观,周围以高廊相衬,更显得空旷肃穆,周檐斗拱繁缛,昂嘴下突,是明代佛寺的典型风格。

寺内佛像神态安详,表情各异;墙面上用半立体手法浮雕山水、人物、建筑、树木、珍禽、异兽等,小巧玲珑,独具匠心。不愧为古代劳动人民和艺术大师智慧创作的结晶。

6.西宁东关清真大寺

西宁东关清真大寺位于西宁市城东区东关大街,是青海保存最为完整的清真寺,也是我国西北最大的伊斯兰教寺院之一,是西宁市伊斯兰教进行宗教活动的中心。该寺坐西朝东,总面积为11940平方米,其中大殿面积为1120平方米,可容纳三千多信教群众进行宗教仪式。

东关清真大寺最早始建于明洪武年间,迄今有600多年的历史。明朝大将西平侯沐英,在镇守甘、青、宁边境时,与民和治家沟回族土司治知明共同商议筹建的。大寺曾毁于清同治年间,到宣统三年,修复大殿5间,东厅5间,厢房3间,唤醒阁三层。

寺内建筑壮观雄伟,具有中式伊斯兰教教堂建筑的独特风格。该寺由山门、仪门、唤醒楼、礼拜殿及学房、浴室等组成。大门为西式三门,中间为大门,左右为小门,错落有致,和谐统一,门顶嵌有寺名。仪门为阿式拱形门(又称重门、中五门),大拱门两侧各有两个小拱门,耸立在十余级花岗岩台阶之上。唤醒楼建在仪门两侧,为三层六角攒尖顶建筑,高达18米,与仪门浑然一体,巍峨壮观。礼拜殿建在高1.3米的台基上,歇山屋顶灰瓦覆盖,殿顶镂空花卉砖起脊,上置三个藏式鎏金经筒,与唤醒楼上的两个鎏金经筒交相辉映,异彩缤纷。这些鎏金经筒是拉卜楞寺和塔尔

寺僧众赠送的。大殿两侧，有雕砖砌的八扇屏，上刻有古图案和各种花草。两侧大楼拔地而起，布局对称协调，为寺院增添了壮观气势。

寺内存有明太祖朱元璋为大寺题书《百字赞》等。

7.撒拉族清真寺

撒拉族主要聚居于青海省循化撒拉族自治县，信仰伊斯兰教。自元末明初迁居于这一地区后，数百年来创造了自己的民族文化。清真寺是撒拉族文化的一个重要组成部分。

撒拉族聚居地区，几乎村村都建有清真寺，但以明清时期为便于行政管理而划分的八工所在地修建的清真大寺最具特点。其寺院一般为四合院落式建筑。通常由山门、唤醒楼、礼拜殿、学房、浴室等部分组成，以伊斯兰宗教活动需要而布局。礼拜殿坐西面东，有歇山顶和硬山顶两种，唤醒楼为六角三层或四层的攒尖顶，均为砖木结构。细部建筑构件及内部装修则糅进了藏式与阿拉伯式的建筑手法。清真寺内部装饰简单朴素，但外观却比较雄伟，雕梁画栋，富丽堂皇，木雕、砖雕艺术十分精巧。在山门前的照壁上，唤醒楼一层砖砌墙壁以及礼拜殿的廊檐下山墙等部位均有精雕细刻的各种图案，内容有花卉、树木、文案、博古阁架及各种水果等。这些图案充分运用浮雕及镂空雕的手法，具有很高的工艺水平和观赏价值。

8.清水清真寺

该寺地处青海平安县，建于清乾隆年间，距今已有二百多年的历史，是青海境内修建最好的清真寺之一。清水清真寺建筑面积达4200平方米，全寺由照壁、山门、唤醒楼、大殿、净房等五部分组成。寺正南有一座宽11米、高10余米、厚86厘米的砖牌坊，在它表面，雕了150多幅形态各异的食品用具和食品图案。大殿采用了宫殿式建筑手法，高大宽敞，雄伟壮观。殿内有二十四根巨柱，殿前有六根巨柱，大殿有3间正房，2间偏房，共5大间，建筑工艺为“三角踩空”，殿内用雕刻的大梁和木墩架成了“人”字形的顶棚。

唤醒楼为三层六角的攒尖顶，第一层四面开廊，檐柱为悬柱，内柱为圆形通天柱。

清水清真寺的九大墙壁，是用手工水磨砖砌成，花叶茂盛，栩栩如生。山门也建于南面，长12米，宽8米，共3大间，这是人们进出的门户。这座山门无大梁，顶棚全由短横木交错摞架，俗称“二鬼挑担”，山门两侧的八扇屏上，刻有“老鼠偷芍药”和“奇兽伴老松”图案，造型生动，形象逼真。

山门后是一座三层六角空心塔，第一层墙呈正方形，地基用石条砌成，外围有十二根巨柱。墙壁用水磨青砖砌成，正中留有东西两门。

该寺院设计特殊，建筑结构复杂，工艺高超，显示出我国古代建筑师们的卓越才能。

清水清真寺位于循化县清水乡清水河东侧。始建年代不详，为院落式布局，坐西朝东，由照壁、唤醒楼、大殿等组成。大殿面宽5间、进深3间，大凛卷棚式屋顶，檐下拖双下昂斗拱。唤醒楼平面六角形三重檐六角攒尖顶，通柱造。大殿左侧有一小庭院。东、北、南面各有厢房5间，面宽及进深2间，前带廊，平顶屋架，檐柱雀替，额枋均施木雕。

塔

1.世界上最大的坟包

印度是佛教盛行的国度。佛教起源很早,相传是在公元前5世纪,由始祖释迦牟尼创立而兴起的。到了公元前3世纪的阿育王时期,就已经广为传播了。有了佛教,就有了佛教文化,也就有了佛教建筑。印度最早的佛教建筑主要有两种形式,一是塔,二是石窟。石窟是用来举行宗教仪式和修道讲经的。塔是用于供奉和安置舍利、经文及各种佛教法物的,基本形式有两种:一种是佛祖塔,形象瘦而高,塔身满是浮雕,四周又有许多小塔伴围。另一种是半球形的,称窣堵波,像坟包一样,而实际上也有坟墓的意思。中国古代的佛塔也是从印度传来的。像北京的北海白塔、妙应寺白塔、扬州瘦西湖边上的小白塔等,是由窣堵波形态发展和演变过来的;而像上海的龙华塔、杭州的保俶塔、河北定县的开元寺料敌塔等,则是从佛祖塔形态发展和演变过来的。

古代印度最大的窣堵波,是建造在桑契的窣堵波。桑契从公元前3世纪始建,直到11世纪,先后建了三个窣堵波及若干石窟庙,并留下大量的铭文石刻,其中以1号窣堵波最负盛名。它建于公元前3世纪孔雀王朝的阿育王时期,屡经扩建,形成了现在的规模。

1号窣堵波高约16.5米,基座直径36.5米,有为举行仪式准备的阶梯,用砖砌成,表面贴有一层红色砂石板。主体呈半球状,形似倒扣的碗,象征着天覆地载。上面置方形祭坛,代表宇宙中心。顶部冠以三重华盖,则是极乐天国。窣堵波的四周有一圈石栏杆,它是在立柱之间横排着三根石料,立柱顶上用条石连成一环,这是印度建筑中所特有的。每面石栏正中各设一座石门,门高10米,柱头上满是动植物雕刻,上面三层横杆上刻满了深浮雕,描绘着佛祖的生平故事,比例匀称,生动精致,为印度早期佛教雕刻的珍品。

窣堵波的半球形体,象征天宇。这种构思的单一形体宏伟、浑朴、稳定,给人以庄严肃穆的感觉,颇具纪念性建筑特征。

2.佛祖悟道的地方

据说印度的菩提迦耶是释迦牟尼悟道的地方。公元前2世纪在此建造了摩呵婆罗地佛塔和寺庙,14世纪又重建。

佛祖塔的外形是一组高耸的方锥体,中央有一高大的塔锥,高55米,在其四周有紧贴着的四个小方锥体塔,五个方锥塔的形式基本相同,塔身布满雕刻装饰。塔身和塔刹之间突然收缩,然后逐次变瘦形成塔刹,富有节奏感。由于四个小塔与中央大塔在尺度上比例悬殊,衬托出中央大塔异常高大并带有向上的动感,势如腾空入云。

全塔的造型挺拔有力,几何形状的轮廓明确。这种具有高大宝座式的塔被称为“金刚宝座塔”。其形式影响到东南亚和中国,如缅甸巴根佛祖塔和北京大正觉寺金刚宝座塔均受这种形式的影响。

3.印尼的金字塔

印度尼西亚中部的爪哇岛是一个佛教艺术的历史宝库,其中尤以惹市西北三十公里的佛教建筑婆罗浮屠闻名于世。婆罗浮屠被誉为“印尼的金字塔”,同中国的长城、柬埔寨的吴哥窟、埃及的金字塔合称为东方四大奇迹。

婆罗浮屠译成中文的意思是千佛塔。相传萨兰德拉国王崇拜佛祖释迦牟尼，为埋葬佛祖骨灰，役使了几十万民工，经十余年建成。它建于公元8世纪，后来被火山灰和丛林湮没，直到1814年，英国副总督莱弗士从民间传说得知在普米舍哥罗村里埋藏着一座古庙，才任命一位荷兰工程师前去寻找。工程人雇佣了当地民工二百人，砍林伐树，终于把这座沉睡了千年的古塔挖掘出来。

婆罗浮屠位于美丽富饶的克杜盆地中央的小土丘上，从这里向远处眺望，四周群山环抱，脚下是一片片碧绿的稻田和高大的椰子林，宽阔的普罗果河宛如一条彩带从旁流过，无怪乎虔诚的佛教徒选择这个山丘作为供奉佛祖舍利的圣地。

婆罗浮屠在结构上并无佛堂祭室，而是一座巨大的塔。塔分九层，外形呈阶梯状。下部六层呈正方形，共有432个神龛，神龛内有一莲座与佛像。在第一层到第五层回廊的左右壁面，布满了精美的浮雕。其中描述佛教故事的共1460幅，另外装饰性浮雕1212幅，总共2500平方米，堪称世界上最大的“石头画卷”。上部三层呈圆形平面，共有72个钟形小塔，围绕在顶部有一巨型伞盖的钟形大塔周围，每个塔内有个成人大小的佛像。婆罗浮屠的504尊佛像的头部大部分被殖民主义者砍掉，但佛像容、智、睿的神态和丰满健壮的身躯的轮廓仍清晰可辨。最上层是一座钟形大塔，塔高7米，直径10米，四周密封，里面却无佛陀坐禅。为什么空无一物呢？这是长期以来令人困惑不解的。整个建筑高度原为42米，后因塔顶伞盖毁落，现在塔顶高出地面31.5米。全部建筑约用三十万块大长石砌成，底层石头，每块重约一吨。这些岩石来自普罗果河上游的山里，然后用木筏运过来。

从婆罗浮屠重见天日以来，它历经沧桑。

大自然的侵蚀和人为的破坏，使这座雄伟建筑已显露出一副凄凉破败的景象。到了20世纪60年代，这座举世闻名的艺术瑰宝已面临着倒塌的危险。为了挽救这一古迹，1967年印尼政府向全世界发出呼吁，请求给予经济上和技术上的支援，最后在联合国教科文组织的资助下，于1973年8月开始了彻底修缮婆罗浮屠的工程。

这座建筑破坏十分严重，经各国专家的考察，认为地基已经松动，只得全部拆除，重新绕住钢筋混凝土地基。另外，为了防止今后雨水的渗透，在建筑物内部铺放了排水管道，在回廊壁内增设防水层、过滤层，并要修复断裂的浮雕，因此工程十分浩大。

在这次修复工程中，现代科学技术发挥了巨大的作用。第一步拆除工程看起来轻而易举，实际上是一项十分复杂的工程。设想一下几十万块石头如果像小孩玩积木似地推倒撒满一地，再要一一恢复原位，简直比登天还难。为此，在施工之前，必须对整个建筑进行外观和结构的测量，然后将几十万块石头逐一编号，以便复原时能够顺利地对号入座。即使这样，如果没有计算机的帮助，光靠人力来记忆这几十万块石头的位置是不可能的。

其次，为了今后长期保存，对构成建筑外表的24万块石头，其中包括33100块浮雕在内，一一加以清洗，最后喷射除草剂。以后一旦遇到雷雨，除草剂顺着雨水流下，将使建筑物周围的草木枯死，有利于婆罗浮屠的长期保存。

这项历时十年的浩大工程，已于1983年全部竣工，耗资两千多万美元。

修复工程是令人满意的，整容后的婆罗浮屠焕发出青春的光彩，显得更加雄伟壮丽。

4.八根佛发

缅甸是一个历史悠久的国家，其文化受到印度佛教文化的影响，大约在公元9世纪起，就陆续兴建佛教寺院了。11世纪缅甸

全境统一，并建都于巴根，曾建造大量佛塔和寺庙。如明迦拉赛底塔，塔身构图成鼓形，渐次向上收缩为尖顶，下部则依次放大构成稳定的台基，而台基又有小塔拱卫着大塔，改变了传统佛塔半球状窣堵波的形式。

16世纪和17世纪，在新都仰光建造了大金塔。它位于仰光市北部的茵亚湖畔的一座小山上，这里地势高耸，风景秀丽。塔的造型是巴根的明迦拉赛底塔形式的发展。形如窣堵波的塔身上部逐渐收缩，形成纤细的塔尖，高度为113米，用砖砌筑，表面刷一层坚硬的灰浆，贴上金箔，灿烂夺目。塔顶装有精致的宝伞和贵重的钻石珠宝。塔座是一个很复杂的多角形平面，在许多角上托有众多的小型塔。基座上布满雕刻，镀金和涂漆。由于有64个样式同它相仿的小塔围绕着，愈发突出了主体塔身的高大威严。大金塔的整个轮廓线柔和优美，给人以安稳与崇高的感觉。

相传古时候缅甸人科加达普陀兄弟俩到印度去取经，并带回八根释迦牟尼的头发。为了珍藏这八根佛发，于是就在丁固达拉山上（即现在的塔基下）修起了一座8.3米高的佛塔。因为有这个重要的宗教意义，所以到了11世纪的蒲甘王朝时期，终于成了整个东南亚的佛教圣地之一。后来历代均有修造，或把塔继续修高，或在旁边建造小塔。相传在15世纪时，德彬瑞皇帝用相当于皇后体重四倍的金子为塔身贴金。

这座大金塔的宝伞上，还系有数百颗用金银制成的小铃，微风吹来，叮当作响，十分悦耳。塔下有门，门前一对狮子，形状与中国的石狮子相似。入门可到塔内，里面有用玉石刻成的坐卧佛像，形象生动逼真。

仰光大金塔的外形十分端庄，挺直向上的外轮廓曲线给人一股向上的力，正反映了这座塔的形式原意。金色的塔身，在阳光下十分耀眼，显示着古代建筑艺术的光辉永不衰竭。

5.世界上最斜的塔

比萨斜塔知道的人很多。的确,它被称为中世纪“七大奇迹”之一。但它的出名,也许正是由于它的缺陷所造成的,即由于在建造时并没有估计到地基的沉降,导致塔产生严重倾斜,从而因祸得福,反而使它在建筑文化史上占有很高的地位,成为世界上最斜的塔。

提起比萨斜塔,我们还得从比萨大教堂谈起。比萨大教堂原是为纪念意大利人在公元1062年打败阿拉伯人并攻占了巴勒摩市而建的。大教堂建筑群包括主教堂、洗礼堂、钟塔和公墓四个部分。建筑大都仿照古罗马的圆拱形柱廊的建筑风格,为意大利罗马风建筑的主要代表,也是意大利中世纪最重要的建筑之一。

比萨斜塔位于主教堂的背后,圣坛东南二十多米处,平面圆形,直径16米,高55米,共有八层。除底层和顶层外,中间的六层都做成围廊,人们可以从塔中间的楼梯上去,到任何一层出来,站在廊子里俯瞰佛罗伦萨市的景色和周围古色古香的建筑。这倒有些像中国的佛塔了,但它的形式采用的是圆拱柱廊,所以也属“罗马风”。金塔表面材料均使用白、红两色的大理石,但其中几根支柱是用花岗石装饰的。

比萨斜塔兴建于公元1173年,前后共经历了整整200年,直到1370年才全面竣工,可以说是历史上建筑时间最长的建筑之一了。斜塔最初的倾斜是在塔建到第三层时,地基开始沉降,塔身开始向南稍稍倾斜。第一位建筑师波列诺发现塔的地基是在松软的河谷冲积层后,立即停止施工,想等到地基沉降稳定后再继续施工。这一等就等了100年,这也是比萨斜塔建造历史长久的原因。1275年,建筑师西蒙勇敢地承担了复建工程。当时斜塔第三层已倾斜了近90厘米。为了减轻塔身的重量,防止它的倾塌,

西蒙减薄了墙壁的厚度，并采用了轻质材料，在内外壁之间留有空腔，越往上空腔越大，想方设法减弱塔身对地基的压力。最后一个建筑师皮列诺为了矫正斜塔的倾斜程度，将斜塔的第八层建造得向北倾斜，并且没有加盖楼顶。

1586年，意大利物理学家、天文学家和自然科学家伽利略在比萨斜塔证明了他著名的自由落体定律。他手持大小不同的两个铁球，从塔顶同时丢下，两个球同时落地，从而证明了任何物体下落时的重力加速度都是相同的，一举推翻了统治人们头脑达几千年之久的亚里士多德的错误论断。伽利略的实验使比萨斜塔声誉更盛，为斜塔增添了文化价值。

为了制止斜塔的倾斜，意大利政府采取了许多措施。1934年，900吨水泥被喷注进塔的地基，没有效果。1970年，禁止取用斜塔方圆3公里内的地下水，也只是大大减缓了塔身的倾斜速度。1974年，意大利政府向国际上寻求加固方案，虽然有的建议用水泥或硅酸钠等硬化剂向塔基喷注，有的建议造一巨象用象鼻顶住塔身，但这些方案本身存在缺陷，加之意大利政府为了维护民族尊严，决心采用本国建筑师的加固方案。到1982年为止，斜塔北缘高55.22米，南缘高50.32米，塔身已倾斜了近5米。1982年意大利政府拨出1200万元的特别经费，并制定了《比斜塔保护法》。现在斜塔以每年1.2毫米的速度向南倾斜，而人们尚没有可行方案消除斜塔倒塌的危险。

6. 巴黎市的象征

埃菲尔铁塔雄踞于法国首都巴黎市中心的战神校场上。它是1884年法国政府为庆祝1789年法国资产阶级大革命一百周年、举办世界博览会而建造的纪念物。当时参加设计竞赛的有700多个方案，法国著名钢结构大王居斯塔夫·埃菲尔设计的铁塔被评委会最后选定。于是,该塔落成后,就以埃菲尔本人的名字命名了。

铁塔占地12.5公顷,高320.7米。塔身分为三层,每层均有平台和高栏,第一层距地面50米,第二层距地面115米,第三层距地面174米,再往上就是顶端的塔楼了。埃菲尔在指挥建造铁塔的过程,曾遇到过一个难题。根据工程构造,必须在第一层平台安装一道钢梁,用以圈定四根巨型钢柱。这道钢梁必须承受整个上层结构的全部重量。因此,要求钢梁安装必须绝对水平,否则将会有倾斜的危险。埃菲尔先在塔基中安装了若干个顶泵,再用移动式起重机起吊1500根小梁和250万个铆钉,然后把钢梁用顶泵送到第一层平台的位置,用铆钉与小梁进行铆合,从而确保了平台圈梁的绝对水平。所有构件都是在巴黎郊区的埃菲尔工厂预制,按照误差不超过十分之一的标准严格验收的。整个安装工程仅用250名工人,费时25个月,工程造价经预计的800万古法郎少用了3%。铁塔的总重量虽然达9700吨之多,但是落到地基上的压力每平方厘米却只有4.5公斤,这一伟大奇迹令所有世间高人折服。由于塔身结构轻便且镂空透风,最大限度地避免了风力作用,因而能巍然屹立,百年无异。

埃菲尔铁塔建设初始就引起了一场轩然大波。不少知名人士包括作曲家夏尔·古诺、小说家莫泊桑、小仲马等四十多人联名写信,抗议在首都的心脏部位竖起"这根由螺栓固定铁板而铆接的可恶的冲天立柱。"一位退休军官甚至向法庭提出控告,质问"铁塔要是塌下来压了我的房子怎么办?"一个支持埃菲尔的记者嘲讽地回答说:"先把你压在下面。"

由于政府的支持,这场风波才平息下去。只有莫泊桑反对到底,说他之所以离开巴黎就是因为"讨厌这座干瘦而高架的铁梯式金字塔"。

按照原始合同，铁塔本应在竣工后20年予以拆除。但是由于军事和科技上的巨大作用，它逃过了厄运。两次世界大战期间，军方利用设在塔上的无线电装置破译了不少敌人的密码。20世纪50年代，铁塔成为法国广播电视中心。1964年，法国文化事务部将铁塔列为历史名建筑。

随着岁月的流逝，世事的更迭，这座被誉为法兰西民族骄傲的19世纪最高的巨人也饱经风雨，历尽沧桑。1979年，经巴黎市政府指定的技术委员会检测，发现由于塔身及其附加重量，塔梁已经变形；通向塔顶的电梯因安全系数不足和维修无保证不得不在大多数开放时间停用。巴黎市长雅克·希拉克在看到《铁塔现状令人担忧》的报告后，决定立即维修以庆贺建塔一百周年。

整个大修耗资三千万美元，于1981年3月动工。第一步拆除了放在第一层平台的笨重的混凝土楼板和若干附加物，使塔身重量减少了1300吨，恢复到原来的水平。位于第一层平台下的大梁也已变形，这次用大功力的千斤顶加以矫直。为了改进安全工作，新安装了火情检测器和自动洒水机。原来破烂不堪的旋转电梯被拆卸，配备了高速双层电梯，每小时可输送游客600~1600名。多年来，铁塔通过地面安装的1290个探照灯照明，但大部分灯光透过了塔身的缓带便消散在远方。著名照明专家皮埃尔·比多想出了由塔内照明的良策。为确保照明的均匀度，他从塔梁直到塔顶全部安装1000瓦的高压钠灯。现在，夜幕下的铁塔仿佛是闪烁金光的钢制花边。

每年，有数以百万的来自世界各地的游客登上铁塔。他们或沿盘旋的1710级楼梯一步步攀登，或乘宽大电梯升到各层平台。步入平台，整个巴黎都在你的脚下。天气晴好时，从完全封闭的第三层平台可以远眺80公里以外的自然风光。

事实证明，铁塔不但没有破坏巴黎的美，而且它带给巴黎的是荣誉和骄傲。埃菲尔铁塔已经成为巴黎市的象征。

7. 沙漠擎天柱

在科威特海湾的海峡顶端，有三座洁白明亮、挺拔俊秀、擎天而立的高塔，这三座高塔就是近代建筑史上的杰作——科威特之塔。

科威特位于波斯湾的西北岸，阿拉伯半岛的东北部，境内多沙漠，没有河流，天气奇热，极少下雨。最高气温达52℃，即使在秋天，气温也在43℃以上。因此，用水就成了科威特人民的一件大事。原来科威特多年来一直靠装有水箱的帆船从伊拉克的阿拉伯河运水供给人民食用。为了解决用水的苦恼，科威特这个因盛产石油而富得流油的国家，不惜耗费巨资，建造了24个大型综合海水淡化工厂，每昼夜能生产淡水28万立方米。海水被淡化后再分送到各地储存在水塔中。因此，在科威特就可以见到许多水塔。

科威特的水塔造型新颖，式样很多，有球形的、蝶形的、蘑菇形的、穹隆形的，还有的像清真寺的寅礼塔。在这成百上千的水塔中，最负盛名的是为纪念科威特国庆，由瑞典建筑师苏尼·林斯顿设计的"科威特之塔"。塔于1973年动工建造，1977年完工。

科威特之塔是由三座高塔组成。第一座塔高140米，底部直径17米，上端直径1.6米，再往上占塔身七分之一的部分是金属的塔尖。在塔身中部距地面72米处有一直径26米的圆球，外表用金属镶嵌，可容水4500立方米。

第二座塔高113米，底部直径7米，上面装有56盏投光灯，似一杖待发的火箭，直插云霄。它是为大塔照明而建的。

第三座塔即主塔，高187米，底部直径24米，在距地面80米处有一直径32米的大圆球，120米处还有一直径18米的小圆球。不同的是大球的上半部有两层玻璃窗，在两层玻璃窗之间有一圈透

明的挑檐，挑出3米，这些玻璃窗和挑檐增加了大球外观上的美感，并和上面的小球取得呼应。这与建筑设计意图相吻合，用大球象征太阳，小球象征月亮。它们在阳光的照射下，晶莹剔透，宁静而又安详。令游人最感兴趣的是大球上部的“空中花园”。在大塔的筒身里装有一部楼梯，三部电梯。从塔底乘电梯20秒钟就可以到达大球的门廊。球的内部有休息厅，有可容纳100多人的餐厅，宴会厅可容纳80多人，此外，还有小餐厅。从门廊上十几级楼梯便到了空中花园。那里空间高敞，花木葱茏，依窗而坐可以俯视迷人的科威特海湾，真是别有情趣。

再往上乘电梯就可以到达小球的游乐场。人们从距地面120米处的游乐场向四周眺望，满眼是辽阔的原野和海洋。随着脚下地板的旋转，又好似进入了茫茫太空。

这三座高塔，塔身修长，洁白明亮，造型既统一又富有变化。三个大小圆球外部的金属镶嵌，采取了阿拉伯传统建筑中的密集装饰手法，金属凸面的高光和凹面的深影，在日光和灯光的照射下，闪闪发光，给人以强烈的印象。

8. 宣文塔

太原的标志——双塔，原名宣文塔，是明万历三十六年（1608年）前后，佛灯和尚拟建的永祚寺的一部分。两塔形制相似，八角十三层，高达五十多米。每当立夏前后，这里的牡丹盛开，引来了不少观赏者。建国以后，在这里建成了革命烈士陵园，供人们瞻仰凭吊。

太原市最早的历史文物建筑——晋祠，位于西南郊外二十五公里的悬瓮山下。据文献记载，西周成王十年（公元前1106年），他用桐树叶子和他的弟弟叔虞开玩笑，竟封了叔虞为唐侯。这就是“桐叶封弟”的历史故事。叔虞的儿子燮继位后，见到唐国境内有一条晋水，水源来自悬瓮山下的泉水，水量既丰富，冬季又不枯，对于生产和生活来说，是一条好河流，因而他把国号改为晋。此后，晋国成了春秋时代的一大富强诸侯。后人为了纪念叔虞，便在晋水的源头修建了一座祠堂，名为晋祠。至于晋祠创建的年代已不可考。根据北魏郦道元著《水经注》的记述看，在北魏以前就有了这一建筑。北齐文宣帝高洋时将晋阳定为别都，在晋祠大动土木，开凿池沼，建造亭台楼阁。到了北宋天圣年间（1023~1032年），又依山傍水修建了祭祀叔虞母亲邑姜的祠堂，即现存的圣母殿。宋崇宁元年（1102年）重修，到现在已八百多年了。这座殿南北宽七间，东西深六间，比叔虞祠大，是全祠的主殿。殿内塑有邑姜的像和四十多尊宫娥、侍女的塑像，大小如同真人，各具姿态，栩栩如生。圣母殿的一旁，是清水涌出的难老泉。它是晋水的源头，流水淙淙，清澈见底。圣母殿前筑有方形鱼沼，是晋水的第二源泉。沼中立着三十四根小巧的八角形石柱，柱顶架斗拱、梁木以承托十字形桥面。整个造型如展翅欲飞的大鸟，因而有“鱼沼飞梁”的命名。在北魏时期成书的《水经注》中，就有“结飞梁于水上”的记述，可见这一别出心裁的艺术建筑，在北魏以前就修建了。此外，晋祠内还有叔虞祠、献殿、胜瀛楼、白鹤亭、文昌宫、金人台和唐太宗写的《晋祠铭》碑亭等。祠院内外，大树参天，尤以周柏、隋槐著名。这两棵古树与长流不息的难老泉，精美的侍女像，被誉为“晋祠三绝”。

太原城内的崇善寺，原名白马寺，后改为延寿寺。明朝初期加以扩建，前有大雄宝殿九间，后有大悲殿七间。此外还有山门、金刚、天王等殿和经阁、法堂等，规模很大。清朝同治年间失火，大雄宝殿等尽化灰烬，仅留一座大悲殿。到了光绪年间，在这片废墟上建造了文庙。现在山西博物馆（一部）就设在文庙内。寺内的大悲殿是现存最完整、最标准的明代建筑杰作。殿内中央有

一座千手千眼观世音菩萨大型塑像，造型奇特，引人注目。殿内还藏有宋版碛砂藏圣经、元版圣经、明版北藏经、南藏经等，都是名贵的文物。

道观纯阳宫，在五一广场西边，是明代万历年间为纪念唐代道士吕洞宾而建的。宫内有八卦楼、降笔楼和亭、台等建筑物。亭、台、楼、阁之间，有长廊互相通连，结构甚为巧妙。现为山西省博物馆二部所在地。馆内陈列着由仰韶文化时期，到元、明、清各个朝代的文物，共两千多件。它将中华民族发祥地区之一——山西这块地方的文物荟萃一馆，供游人观赏和学者研究。

太原市西南郊的天龙山、龙山和蒙山，有南北朝以来各朝代的石工巧匠们精心雕琢的石窟。其内容大部分是佛教的，也有一小部分是道教的。这些石窟雕像表现了人民的石雕艺术，反映了各朝代石窟艺术的特点，是一宗很重要的文化艺术遗产。

9.湛山寺药师塔

药师塔是湛山寺的第三期工程。

1937年修湛山寺的藏经楼和药师塔，是周家的功德。根据《影尘回忆录》的记载，周家对做慈善事非常热心，在北京无论大小庙，都去布施。有人去化缘，或去求他，多少不说，总不让空手回去。修天津大悲院，周叔迦就出力不少。湛山寺的水陆庄严，也都是周家所舍。

作为一个书香和官宦之家，周叔迦的祖父和父亲，在外做官多年。到了周叔迦这一辈，哥四个都不做官了，专事商业，仗祖上德荫，一切都好。1937年值周老太太80寿辰，后人预备大事祝寿，款宴亲友。但周老太太笃信佛法，不忍杀生，她的意思，如果在款宴亲友时弄素菜，怪讨厌没人吃，或者让人说嫌费钱。弄荤菜，就要杀生灵，为了自己过生日，伤害一些性命，不但修不了福，倒还造一些孽，不好。所以，老太太主张不铺张，但后人以为如果不花几个钱给老人祝寿，心里过意不去。于是，就合计出了办慈善做功德的主意，周家四位公子，各自分别尽心。

在青岛，周志辅在湛山寺修了药师塔，周志俊修了藏经楼，周叔迦则在北京拈花寺建药师坛，拜三期药师忏。四位公子与几位女儿又凑起来几万块钱，替老太太办赈济，施舍济贫，这样办法，比弄吃喝宴亲友好得多，不但不杀生下，还救生，大家都高兴。

据《青岛湛山寺创修经过》的记载，藏经楼和药师塔，是周家自己找人绘图包工的，共费3万余元。药师塔起初想建在崂山，因不合适，便改住湛山寺建筑。初有恒信营造厂预备以1.25万元包修，带扣瓦。别家公司以0.95万元得标承建，结果修起来，仍是1万多。青岛建筑师，对这种古建筑有些外行，弄得塔楞上下不齐。窗上石条没垫好，砖往下陷，石条已经折断。塔的四周，有28位石刻护法神像，是掖县工人包刻。因时间来不及，一边送，一边垒。时正值“七七”事变，有一天，汽车一次送来十几尊，第二天即交通断绝。

1937年的晚秋，湛山寺的药师塔、藏经楼和大殿同时竣工。

藏族宗教建筑群

1.贵德玉皇阁

玉皇阁古建筑群位于青海省贵德县河阴镇，始建于明万历二十年，玉皇阁由万寿观、文庙、大佛寺、关岳庙、城隍庙、民众教育馆（现为图书馆）六个院落和贵德古城组成。寺庙、道观相互毗邻，集中坐落于贵德古城内北面，东西宽192米，南北深212米，占

地面积61亩，总建筑面积4915平方米。

玉皇阁是非常独特的一座集儒、道、佛教为一体的古建筑群。玉皇阁万寿观属道教，建筑包括山门、过厅、东西配殿和玉皇阁。山门面宽三间，为中柱式硬山建筑，明间置双扇实榻大门。过厅亦硬山建筑，面阔三间，进深二间，分心四柱，前后出廊，三檩小木梁架，山墙前后均有干摆樨头，樨头做法与官式同，也分下肩、上身、盘头。盘头部分砖雕精美，是官式黑活中的佳品。

玉皇阁万寿观为整个建筑群之首，建于高12米、边长14.95米方形砖铺面的夯土台基上。台基高三丈六尺，寓意一年360天，底面24根立柱，寓意二十四节气。中间4根通柱，寓意一年有四季。玉皇阁万寿观为三重檐，歇山顶，木构建筑，面宽五间，进深五间，三层楼阁，一层全柱通接二层檐柱，三层檐柱座在二层匝梁上，中间四根内金柱为三层通柱。三层平板枋上安装24攒五踩斗拱。整个大木结构榫卯互锁，受力合理，承压均匀，结构十分严密。万寿观通高26米，顶层奉“天”，立玉皇神位，中间奉“地”，立土地神位，下层奉“人”，立皇帝牌位。“天地人”三才是道教的根本。老子在《道德经》就言：“人法地，地法天，天法道，道法自然。”整个建筑造型古朴壮观，被誉为“仙阁插云”，有凌空出世之感。春夏之交登临此观，凭栏远眺，黄河水清，梨花放白，群山微赤，田畴覆绿，非常心旷神怡。

城隍庙在玉皇阁西侧，始建于明代，清同治六年（1876年）被毁，光绪二十八年（1902年）重建，三十四年（1908年）竣工。坐北朝南，现存钟楼、过厅、大殿。钟楼面宽、进深各三间，为二层三檐歇山顶方亭。过厅面宽五间。进深三间，单檐歇山顶。屋面与柱身之比为1:2。大殿面宽三间，进深三间，单檐硬山顶。

文庙在玉皇阁南，与玉皇阁在同一条中轴线上，建于清嘉庆元年（1796年），清同治六年（1867年）被毁，光绪三年（1877年）重建。坐北朝南，由(棂星门)牌坊、泮池、戟门、乡贤祠、名宦祠、七十二祠、大成殿组成。牌坊为新建三门三楼。戟门面宽三间，进深二间，单檐硬山顶，明间开中心柱，开双扇实榻大门，耳房宽三间，进深二间，单檐卷棚顶，廊房新建，面宽六间，进深二间。大成殿基高0.7米，殿前有方形明台，面宽五间，进深三间，单檐歇山顶。大成殿供奉孔子神位，历来为文人祭孔子集会的场所。

关岳庙在玉皇阁东侧，又称武庙，始建于清代。由照壁、山门、(戏台)左右钟鼓楼、过厅、廊房、大殿组成，坐北朝南。山门面宽三间，进深三间，硬山顶。钟鼓楼在过厅西侧，二层三楼歇山顶。过厅面宽三间，进深一间，歇山顶。该庙供奉关羽、岳飞、马祖三尊神像，是军旅将士拜谒的场所。

玉皇阁建筑群集儒、道、佛教为一体，青海独有，神州难寻，它是历史留给华夏子孙的宝贵财富。

2. 文成公主庙

该庙位于玉树藏族自治州首府结古镇南约10公里的巴塘沟内，相传文成公主进藏时在此留居所建，故得名。文成公主庙是汉、藏人民长期友好交往的历史见证。

该庙坐北朝南，依山建有藏式假三层平顶建筑一座，另有其他配房。庙内北面岩壁上雕刻9尊佛像，中间为高约3米的大日如来佛结跏趺坐像，两侧上下两层各雕有4尊高2米的莲花座站像，手持花、瓶、钵、剑等物，据站像旁镌刻的藏文题记得知，此8尊佛像名称分别为文殊、普贤、金刚手、除盖障、虚空藏、观世音、弥勒、地藏菩萨。佛像雕刻手法细腻，人物形态丰腴恬静，庄严肃穆，据学者考证为唐代遗物。

此外，在寺庙附近的峭壁上刻有藏、汉文字题记4处。

3.湟源城隍庙

该庙位于湟源县城关镇西大街，据民国《续西宁府新志》载，该庙初建于清乾隆四十一年（1776年），清嘉庆六年（1801年）重修。1921年又由邑人捐资重修，1922年冬竣工，占地面积约5000平方米。城隍庙坐北朝南，分前后两院，由牌坊、山门、戏楼、钟鼓楼、后寝宫等组成。庙内原有一块嘉庆八年（1803年）刻立《重修隍庙记》碑，记述重修城隍庙因由及捐资事迹。

牌坊位于城隍庙门前，为两层非冲天式木牌楼。通面宽三间，心间宽，次间窄，立柱前后加戗柱，柱间二层横枋上置斗拱并加盖屋顶。屋顶为歇山式，大式灰瓦覆。正脊用镂空雕牡丹图案通脊砖。龙形吻兽，垂脊与戗脊吻兽为麒麟。

山门面宽三间，进深二间，硬山顶。为平座斗拱，四翘九踩，雀替雕花卉，装修为镜面板门。

戏楼平面呈“凸”形，共两层。面宽三间，心间进深三间，次间进深二间，硬山十字脊勾连搭顶。底层较矮，心间为过厅，次间是仓房。上层为戏楼，有井口字坐式栏杆。檐下施如意头，枋梁与柱头直接承接，无斗拱。六抹头双扇门。裙板施以花鸟、神仙故事彩绘。

钟鼓楼为重檐式楼阁建筑，长宽均为4.7米。平板枋，有斗拱，雀替雕花卉，天花圆形覆斗井，缠柱造，金柱4根，外施柱8根。

另有硬山顶厢房、廊房和后寝宫。

4.威远镇鼓楼

该鼓楼位于互助土族自治县威远镇十字街心，始建于明天启四年（1624年），为砖木结构，建筑面积165.12平方米，建造于边长12.85米，高1米的方形基座上。建筑通高15.12米，底大上小，由下向上逐层递减内收。四周有回廊。第一层面宽三间,进深三间;第二层面宽一间,进深一间;第三层面宽一间,进深一间。三重檐歇山顶,屋面铺绿色琉璃瓦,屋脊用黄绿色琉璃镂空砖,有宝瓶、吻兽等,反映了土族建筑高超的艺术水平,其建筑形制已引起建筑学者的高度关注。登高远望,游人往往有羽化成仙之感。

5. 土楼观

该观又名北禅寺、永兴寺、北山寺。位于西宁市湟水以北的土楼山麓,是青海现存历史较为悠久的一处石刻洞窟。北魏时已有此处土楼神祠的记载,后陆续开凿洞窟,修建庙宇,至清代末期,这里已发展成为“九窟十八洞”的多种宗教汇聚地。

土楼观的洞窟分布在山腰的红砂岩中,东西长约200米,有禅洞、佛洞、菩萨洞、观音洞、玉皇洞、无量洞、三官洞、三师洞、灵官洞、城隍洞、关帝洞、地藏洞、吕祖洞以及文昌宫、奎星阁、雷祖殿、斗母殿、土地庙、仓颉祠等建筑。建筑、佛像、壁画、楹联等曾被毁,仅存一尊露天金刚及部分洞窟残壁画。1980年以后逐渐修复,并于山麓新建山门,正式定名“土楼观”。

观内露天金刚俗称“闪佛”,利用自然岩壁修凿而成,原有两尊,西部一尊已毁,东部一尊轮廓清晰可辨,为站像。高近50米,古朴雄伟,为唐代遗物。在保存较好的三个洞窟中,尚有壁画残存,绘有三世佛、千手千眼佛、菩萨、比丘、弟子以及莲花藻井等,用色以丹青和石绿为主,时代为北魏至宋、元。

土楼山巅耸立一座砖塔,名为寿塔。为六角五级实心塔,高15米,周长8米,第四级嵌有“宁寿塔”三字匾一方。该塔始建于明代,于1951年重修。登塔远眺,西宁古城尽收眼底,为北禅寺重要文物。

6. 南禅寺

该诗位于西宁市城中区南山之巅。相传始建于明永乐年间，后被毁。现存为清代建筑，坐南朝北，由小西天、关帝庙、三公祠、五财神庙、老祖庙等多组建筑组合而成，占地面积约3.5万平方米。

小西天位于南禅寺西，坐西朝东，占地面积约700平方米。由山门，大殿，东、西、北厢房组成。大殿面宽三间，进深三间，灰瓦硬山顶，建在2米高的夯土台上，前有十六级砖踏道，地面铺以灰砖。东西厢房均面宽三间，进深二间，东房为单面坡顶。北房面宽四间，进深三间，硬山顶。山门面宽一间，进深二间，歇山顶。

关帝庙位于小西天东，坐南朝北，占地面积约1050平方米。由山门、大殿、东西厢房组成。大殿面宽三间，进深三间，前开廊，大式硬山顶。屋面用灰瓦、绿釉瓦铺覆。殿前有二阶式明台，第一阶16级砖踏道，第二阶4级砖踏道。东西厢房均面宽三间，进深三间，歇山顶。中间双扇实榻大门，两侧为单扇小门。院内有蛙形柱础。

三公祠位于小西天后，关帝庙西，占地面积约200平方米，坐南朝北。由小院门及大殿组成。大殿面宽三间，进深三间，灰瓦硬山顶，为关帝庙的附属建筑。

五财神庙位于关帝庙东，坐南朝北，现存山门及大殿。大殿面宽三间，进深三间。门窗为六十年代以后改装。屋面铺覆灰瓦。过庭式大门，面宽三间，进深三间，硬山顶。

老祖庙位于财神庙东，占地面积约750平方米，围墙已毁，坐南朝北。由过庭式山门、大殿、东西厢房及耳房组成。大殿面宽三间，进深三间，硬山顶，上覆灰瓦。东西厢房均面宽三间，进深三间，硬山顶。山门两侧各有面宽三间，进深二间的单面坡耳房。

7. 西宁城隍庙

该庙位于西宁市城中区解放路，始建于明洪武十九年（1386年），清雍正元年（1723年）重建。坐北朝南，现存建筑由鉴心殿、后寝宫、东西厢房和东西小跨院组成。鉴心殿面宽三间，进深五间，硬山顶，屋面覆盖大式灰瓦情调。后寝宫面宽三间，进深二间，四周带回廊，灰瓦歇山顶，镂空雕塑花卉砖起脊。东西厢房各面宽三间，进深二间，灰瓦硬山顶，近年维修。鉴心殿东西各有一小跨院，为通往后寝宫的通道，内共有9间单面坡房屋。

8. 五峰寺

该寺位于互助土族自治县五峰寺乡白多俄村北的五峰山坡上。始建于清乾隆年间（1736~1795年），民国时曾有增修，群体建筑由菩萨殿、无量庙、八卦亭、玉皇庙、三清宫、同乐亭、黑虎庙、香公楼等组成，分布在五峰山上。

菩萨殿为小院落建筑，由大殿、东西廊房组成，坐北向南。大殿有前开廊，面宽三间，进深三间，灰瓦硬山顶，六抹三开双扇门。山门面宽三间，其中过门厅一间，硬山顶。东西廊房各面宽三间，进深二间，泥土平顶。

无量庙也称“无量洞”，坐北朝南。面宽三间，进深一间。梁枋雀雕花卉，并彩绘。六抹双扇门，单坡泥土屋顶。

八卦亭又称“岷生亭”，坐北向南，木结构，八角攒尖顶，圆形柱，柱周置一圈格形栏杆。

玉皇庙为砖木结构，坐北向南，前开廊。面宽三间，进深三间，灰瓦硬山顶。六抹三开双扇门。

三清宫也叫三清洞，坐北向南，面宽三间，进深一间，梁枋雀雕花卉，并彩绘。六抹双扇门，单成坡屋顶。

同乐亭又名六角亭，木结构，六角攒尖顶。

黑虎庙大殿坐北向南，面宽三间，进深三间，圆柱形，前开廊，灰瓦歇山顶，六抹双扇门。

香公楼为砖木结构，坐北向南，为两层楼，上下层都开前廊，面宽三间，进深三间，灰瓦歇山顶，六抹双扇门。

9. 关帝牌坊

该牌坊坐落于青海乐都碾伯镇东关村，始建于明万历二十年(1592年)，为关帝庙门前的牌楼，庙已拆除。牌楼坐北面南，三门四柱三柱形。内柱前后加有戗柱。立柱为冲天式，上面起楼，为三檐灰瓦歇山顶。正脊上置有葫芦形宝瓶，龙形吻兽、垂兽与戗兽，檐角悬挂铁风铃。第二层楼正中竖书“关帝庙”木匾。牌楼通体用红、绿、黄等颜料彩画。

10. 高庙八卦楼

该楼位于青海乐都高庙镇西村，又名“八卦寺”，约建于明万历年间(1573~1620年)，1919年重修。该楼建在高约5米的夯土台基之上，坐西向东，有斜坡土路通向台上。建筑为三层重檐八角攒尖顶。底层面宽三间，进深三间，石块砌成墙基，土坯垒砌墙体，前开廊，砖雕仿木结构八字墙，两根檐柱与第二层通连。第二层面宽三间，进深三间，四周用板壁装修，大花格窗。第三层八角形，四周用板壁装修。1989年进行维修并彩画。

二、宫殿建筑

文明古国的王宫花园

现在人们常说的四大文明古国，指的是埃及、印度、中国和古巴比伦。古巴比伦王国在今天的伊拉克境内，主要是美索不达米亚即两河流域。两河指的是幼发拉底河和底格里斯河，那里气候温和、湿润，土地肥沃，被称为“黄金宝地”“沙漠中的绿洲”。远在公元前3000年，苏美尔人就已经在此定居，建立了国家。后来经过几次“改朝换代”，大约在公元前1800年，建立起巴比伦王国。当时的国王汉谟拉比能力很强，制定了许多维护奴隶主利益的法则，并叫人刻在柱子上，强迫人们遵守，世界上第一部法典就这样诞生了。但是这个国家不久就衰落了，被北方的亚述人所占，建立了亚述帝国。这个国家更强大，当时在政治、经济和文化上都得到了较大的发展，国王萨艮建造的规模宏大的宫殿。萨艮王宫，反映了这种强盛和发达。

萨艮王宫位于城市的西北角，与观象台及一组神庙同建于一个高达18米的人工筑成的土台上，周围有护卫的要塞。人们通过台阶进入宫殿，台阶旁边还设有供车辆和马匹行走的长长的坡道。宫殿占地17公顷，围绕两个大庭院布置，共有200多个房间，30多个庭院，布局规整，分区明确。正门十分高大，四个方形的墩

台，中间三个拱门。正中的拱门宽四米多。大门的墙上贴有彩色的玻璃砖，墙下部还有浮雕。门洞两侧有人首翼牛像，是五条腿的猛兽，象征亚述人的智慧和勇武。进入大门，是一个广场似的大庭院，长宽均近百米，院子东面是行政办公区，西面是祠庙。皇帝的正殿在北首。宫殿的四周是坚实的高墙，厚达50米，高20米，设有七个带碉楼的城门出入，防御性极强。

人事有代谢，强大的亚述帝国也有衰亡之日。后来就在这块土地上重新建立了巴比伦王国，人们称以前的为古巴比伦，后来的为新巴比伦。他们重新建起一座都城，即历史上有名的新巴比伦城。这个城市不仅规模大，而且布局井井有条，其中独具特色的是被誉为古代世界七大奇迹之一的“空中花园”。

这个“空中花园”早已荡然无存，现在只能根据古希腊历史学家希罗多德的记述来想象了。相传这个花园是国王尼布甲尼撒二世为爱妻所造。这位爱妻自幼生长在凉爽的山区，受不了当地的炎热气候，因此便为她建造了这座能适应她生活的花园。花园建在巴比伦城的南宫，它是立体式的四层平台。最上面一层离地25米。楼梯是用华丽的大理石铺筑的，每层平台都用砖铺设。为了防止漏水，上面又铺了铅板，铅板上面再铺泥土。泥土铺得很平。所谓“空中花园”之意就在于此。在每层平台上，都有喷水装置。水是从幼发拉底河中抽取上来的，工程相当浩大。每天都有几百名奴仆来洒水浇灌这些花草树木。

“空中花园”早已在历史上消失了，如今，当地人根据史实，仿造起一座“空中花园”，以满足游客的好奇心。

夕阳中的奢华

西班牙格拉纳达的一个地势险要的小山上，有一座古老的宫

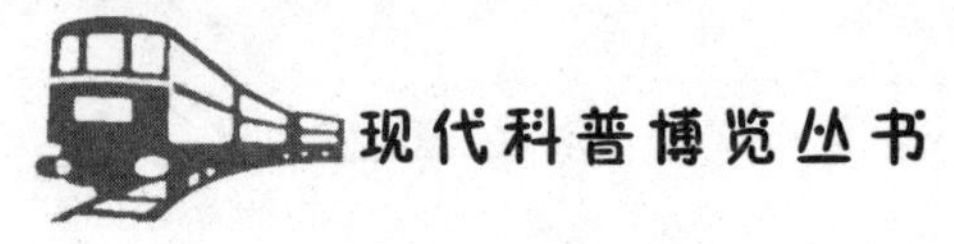

殿,那就是建筑史上赫赫有名的阿尔罕布拉宫。

公元九世纪时,北非的摩尔人入侵西班牙,并建立起伊斯兰教国家。九世纪时修建一座城堡,十四世纪扩建成宫殿,即阿尔罕布拉宫。当时,西班牙的伊斯兰国家已经走向没落,形势十分窘迫,但格拉纳达王国的君臣不肯抛弃安逸奢靡的宫廷享乐,就臣服了西班牙的天主教君主,过着屈辱求存的生活。他们是面临着无可挽回的没落去寻求生活的奢华的,因此,这座宫殿建得既华丽精美,又扑朔迷离,给人一种于无奈中求欢乐的忧郁感。

宫殿的外墙是由一圈3500米长的红石砌筑的,所以阿尔罕布拉宫又称"红宫",它蜿蜒于浓林绿丛之中。沿墙的大门叫公正门。宫殿偏于北面以两个相互垂直的长方形院子为中心来组合。南北向的院子叫石榴院,用以朝觐,气氛比较肃穆。东西向的院子叫狮子院,是后妃们生活的地方,环境比较奢华。

石榴院布局规整,院子宽23米,深36米,两侧是不高但平整光洁的墙垣,南北两侧有纤细的券柱柱廊。北端券廊的后面就是正殿,正殿基地18米见方,殿高也是18米,端庄持重,为接见使臣之用。廊内殿内满墙是石膏做的浮雕图案,精美异常。庭院并不富丽堂皇,而是流露出一丝淡淡的忧伤。院子中央有一条纵贯轴线的长形水池,池水清澈晶莹,池边种植着整齐的石榴树,这样缓和了一些拘谨气氛,使院子活泼、柔和了许多。加上院东的清真寺和院西的浴室,把整个庭院充实了起来。

狮子院因院中水池边上簇拥着十二头口吐泉水,造型古拙的石头雄狮而得名。院子宽28米,深16米,124根洁白的大理石柱,或单个或成双或三个一簇不规则排列着,支撑起四面马蹄形似的回廊。东西两端各形成一个突出的抱厦。其纤细的柱子,精巧的券廊,以强烈而不安定的光影变化,来显示狮子院的娇媚性格。柱子和券廊上满是精雕细镂、复杂华丽的石膏雕饰,这种大面积

的装饰是伊斯兰建筑的重要特征之一。所有装饰图案都是几何纹样，包括特有的钟乳拱、铭文饰和一些植物图样，这是因为伊斯兰教义严格禁止使用人像、动物和形象化的植物题材。院子北侧是后妃的卧室，室外有个小花园，从山上引来清冽的泉水，分成几路流经各个卧室，用以降低室温，这是居住在沙漠地带的北非人所常用的方法，泉水最后汇入院中的水池。

阿尔罕布拉宫的多变的拱券柱廊，优美的图案雕饰，取得了很高的成就，是西班牙伊斯兰建筑艺术的杰出作品。

唯我独尊

故宫旧称紫禁城，始建于明永乐四年(1406年)，建成于永乐十八年(1420年)，至今已有五百多年的历史。

故宫南北长960米，东西宽760米，矩形平面，占地面积72公顷。有房屋九千多间，总建筑面积为15万平方米。四周有10米高的砖砌城墙，城墙四角各有一座角楼，重檐三层，俗称“九梁十八柱”。墙外有52米宽，深达数丈的护城河环绕，形成一个完整的建筑群体。

紫禁城的外围原来是皇城，现在只有南面的一部分，天安门是皇城的正门。皇城前有千步廊，廊东为太庙(今天的劳动人民文化宫)，廊西为社稷坛(今天的中山公园)，这就是所谓的“左祖右杜”的布局。十步廊向南引申至端门止，端门往南是天安门，相距很近。

故宫辟有四座城门，东面东华门，西面西华门，北面神武门，南面为正门——午门。午门呈凹字形，秦朝称这种建筑形式为阙，起到防御宫城的作用。午门形制沿引“以双阙表门”的说法，有"午阙"之称，是门阙合一的建筑形式。午门上有崇楼五座，称为五凤楼。正楼是九开间重檐庑殿顶，东西四座重檐四角尖式方形亭楼，各以廊庑连接，辅翼着正楼，形如雁翅，气势巍峨，更衬托出它的高贵。正楼设有宝座，左右摆放钟鼓，皇帝在太和殿举行大典时，钟鼓齐鸣。皇帝出午门祭坛时鸣钟，祭太庙时击鼓。

午门正面有三个门洞，两侧有左右掖门。中门专供皇帝出入，文武百官走左门（东面），皇亲国戚走右门（西面）。金殿传胪时，文武进士按会考的名次，单数走左掖门，双数走右掖门，等级森严，违者治罪。

午门是皇帝颁发历书，降诏出征，接受献俘礼的地方。朝臣获罪，在这里受"廷杖"之刑。午门高35.6米，气势磅礴，威猛雄壮，人站在门前的空地上，显然十分渺小，难免不产生敬畏之感。皇宫的建筑处处体现着皇帝的威严。

故宫主要建筑分外朝和内廷两部分。坐落在中轴线南半部的太和殿、中和殿、保和殿是皇帝处理朝政，举行大典的地方，称为外朝。在中轴线北半部的乾清宫、交泰殿、坤宁宫及其两侧的东西六宫，即所谓"三宫六院"，是帝王嫔妃居住的地方，故称为内廷。

外朝从太和门起用廊庑把三大殿围绕起来，两侧庑间插入文楼（位东）、武楼（位西），三大殿立于高大洁白的汉白玉雕琢的三重须弥坐台基上，台高8米，分为三层，每层都有汉白玉栏杆环绕，整个台基的平面呈"工"字形，远望犹如神话中的琼岛仙阁。细细观察，可以看到在龙凤纹饰的望柱下面伸出的浮雕白石龙头，它们是排水用的，共有1142个。下大雨时，千龙吐水，景象蔚为壮观。

太和殿和保和殿左右原有斜廊通向两侧廊庑，如此则空间穿透，感觉开旷。清初康熙重建太和殿时，为严密保卫起见，以墙垣

代替了斜廊，使艺术效果大为逊色。

太和殿就是人们常说的“金銮殿”，明朝叫奉天殿、皇极殿，清朝顺治二年改叫太和殿。它是明、清两朝举行大典的地方。因此，不仅殿前有宽阔的月台，而且还有面积达三万多平方米的大广场，可容万人的聚会和陈列各色仪仗陈设。太和殿殿高8米，面阔11间，进深5间，面积2300多平方米，与明长陵棱恩殿并列为我国现存最大的木结构建筑。殿内有72根楠木柱，每根高近13米，直径1米，沥粉金漆。太和殿外观宏伟气派，内饰富丽堂皇，具备了故宫主殿所应有的崇高庄严的形象。

中和殿是三大殿中最小的一座。平面呈正方形，纵横各三间，单檐四角攒尖顶，正中有镏金宝顶。

保和殿规模比太和殿略小，平广九间，进深五间，重檐九脊歇山顶。

属于外朝部分的，还有东侧的文华殿、文渊阁和西侧的武英殿、南薰阁。文华殿和武英殿各由殿门、廊庑、殿身组成，均为单檐歇山，等级很低。文华殿和三大殿相比，虽然规模不大，但是尺度切于实用，环境幽雅，并没有枯燥单调之感。

内廷部分，指以乾清门一线为界的北部，属帝后寝宫。内廷并列三门，中间是乾清门，进去是以乾清宫—交泰殿—坤宁宫为一线的主体建筑；西面是内右门，进去是养心殿和西六宫；东面是内左门，进去是斋宫和东六宫。

乾清门内的乾清宫、交泰殿、坤宁宫总称后三宫。建筑的尺度比三大殿要小得多，但是较接近人体的尺度比例，生活气息增强。

乾清宫为皇帝寝宫。大殿面阔九间，进深五间。正中设宝座，东西分建暖阁。每间分上下两层，各有楼梯相通；每间设床三张，共27张床，这是为了防止皇帝在睡觉时被人暗害。

坤宁宫也是九间重檐殿顶建筑，只是进深比乾清宫略浅。位于这两宫之间的交泰殿，为三开间攒尖顶建筑，形体过小，地位局促，不太相称。

出坤宁门就是御花园，位于整个宫城最北一区。园东西长130米，南北宽90米，占地面积近11700平方米。园内有20多座殿阁亭馆，结构精巧，建筑古雅，间有山石、花木、盆景和五色石角道，是一处以建筑物为主的宫廷式花园，也是整个宫殿内唯一贴近自然之处。

故宫属于中国古建筑中纵横双扩、正平八稳的建筑类别，纵向从正阳门、天安门到内外三大殿，横向则由中轴线向两侧展开。整个故宫气势磅礴。站在景山公园的顶峰，眺望故宫，能够深深体会到故宫作为帝王宫殿的至高无上和非凡气势。

世界屋脊上的珍宝

布达拉宫位于拉萨市西部的布达拉山上，因其特殊的民族风格而闻名于世。早在唐朝的时候，文成公主与藏王松赞干布联姻，相传就居住在这座公元七世纪修建的布达拉宫内。后来，这座宫殿成为西藏宗教首领的住所，也是处理政务和举行佛事的大殿。今天的布达拉宫是达赖五世重建的，大约在清朝顺治二年，即公元1645年，前后共花了50年的时间。

如今的布达拉宫辉煌壮丽，已成为西藏的象征。整个建筑物依山势而向上伸延，远远望去，楼堂殿宇层层喋喋，连绵不断，气势雄伟，蔚为壮观。它东西长360米，南北宽140米，从山脚到宫殿最顶端有200米，共占地10.3公顷，建筑面积9万多平方米。

布达拉宫从结构上分为白宫、红宫及宫前建筑三个部分，它

们都在布达拉山的南坡上，被石头砌成的城墙及三座城门所围绕，给人一种浑然一体的感觉。

宫前建筑占地6公顷，包括有佛像佛具制造所、印经院、木工厂、马厩、监狱及喇嘛住宅等，是辅助用房，由地位不高的人居住。

白宫是达赖处理公务，会见客人及吃饭、睡觉的地方。其中东大殿是达赖举行坐床、亲政的大殿，殿内耸立着30根大柱子，面积约500平方米，庄严肃穆。达赖的寝宫位于大殿的上方，即东、西月光殿。虽然称作殿，实际上面积并不大，每个殿仅能容下一张大床。但是由于是西藏最高统治者的寝宫，因而地位很高，内部装修考究，陈列着许多价值连城的古玩和珍宝。

诵经念佛是藏王达赖每日必做的功课，并且不能与生活起居、处理政务混在一起。宗教信仰对于藏民来说是最神圣的事情。红宫就是为达赖举行宗教仪式专门修建的宫殿。由此也说明了布达拉宫是一座政教合一的宫殿，政治上的最高统治者同时又是宗教中的最高执事人。红宫建筑包括大佛堂、灵塔殿和享殿。大佛堂有三座，分别为东佛堂、南佛堂、西佛堂。佛堂是诵读经书及保存经书的地方，还供奉着佛像和法器。佛堂很高，但进深较浅，室内挂满彩色的幡帏，柱子上也裹满彩色的毡毯，让人觉得神秘和压抑。

灵塔殿内的灵塔里安放着达赖的遗骸，供人们顶礼膜拜。灵塔大都装饰华丽，制作考究，非但没有咄咄逼人的威慑力量，反而让人产生一种美丽的宗教联想。在红宫的灵塔殿中保存着达赖五世和达赖十三世的灵塔，其制作之精细，装饰之华美，价值之高昂令人惊讶。达赖五世的灵塔建于公元1690年，共用黄金119.162两，各种珍珠宝石达15000多颗。整座塔身高14.85米，方形圆顶，顶部悬挂着华盖和丝绸帏幔，塔身全部用金箔包裹，并镶嵌着珠宝，极其富丽堂皇，充分显示出藏族最高统治者的地位和身份。达赖十三世的灵塔建于1934年，高14米，形状与达赖五世灵塔相似，共耗用黄金18000两。

享殿是布达拉宫的主要建筑。殿高6米，总面积680平方米，48根大木柱都用棕色的花纹布包裹，柱梁和斗拱上绘制着彩画和被雕刻成佛像、狮子、大象和一些植物的纹路。享殿正中的观音中供奉着文成公主和松赞干布的泥彩塑像，形象异常逼真，表现了汉藏人民的友好历史源远流长。

藏族信奉喇嘛教，其教义规定：凡经堂和塔须刷成白色，佛寺须刷成红色，白色墙面上须用黑色窗框和红色木门、棕色饰带，屋顶及饰带上的重点部位必须镏金等。诸如此类的规定，使布达拉宫与明净的天空和色彩单纯的大地形成强烈的色彩对比，具有了震人心魄的力量。当你极目远眺，蓝天白云下的布达拉宫，红白相间，气势磅礴，静默中偶尔传来几声风铃的回响，那意境使你领略到布达拉宫的巨大魅力。

古典的精华和古典的再现

卢浮宫位于现在巴黎市中心塞纳河畔，原为中世纪时法王菲力浦·奥古斯都为加强巴黎防卫所建的一处城堡。1546年法兰西斯一世决定将其改建为文艺复兴风格的宫殿，以后经历了十一个君主的改建扩建，到十九世纪卢浮宫已从最初的55米见方院落内的两翼建筑扩展为东西长500米，占地18.3公顷的宏大建筑群，为欧洲最壮丽的宫殿之一。这里收藏着从公元前七世纪到十九世纪世界上最丰富的艺术珍品，宫殿建筑本身就是建筑艺术的长廊，展示着自文艺复兴三百余年法国建筑艺术的卓越成就。

1624年建筑布勒麦西尔应法王路易十三要求设计了卢浮宫

东部的四合院，新建筑是在1546年早期文艺复兴风格基础上扩建的，保留了意大利式的壁柱、檐部和雕刻。内院的立面装饰非常细致；由下而上逐渐丰富。檐壁上饰有浮雕，屋顶为具有法国传统特色的方底穹顶。

1667～1674年重新改建了卢浮宫东立面，改建后的东廊作为法国绝对君权的纪念碑而闻名。这是一个典型的古典主义作品，体现了路易十四时代专制王权的强盛。东廊全长172米，高29米，立面采用柱式结构，横分三层，纵分五段，中央及两端突出，强调中轴的对称性。第一层为基座，墩实厚重，12米高的圆柱双双排列，通贯到第二、三层。中央的八根柱子支撑着立面正中的檐部。东立面构图比例严格，水平垂直的划分依据一定的数量关系，具有明晰精确的几何性。东立面的设计古朴清新，气度雍容，具有强烈的纪念性效果，被认为体现了古典建筑“理性的美”，成为十八、十九世纪欧美皇宫建筑效法的典范。

卢浮宫的西侧为图勒里宫，两座宫殿于十七世纪时用大回廊连接起来。1871年巴黎公社起义时，图勒里宫被焚毁。

1768年，贵族马利尼鉴于卢浮宫中有许多波旁王朝的宝物，便建议将其改为美术博物馆供人欣赏，25年后终得实现。

卢浮宫改为博物馆已有一百多年，吸引了世界各地众多的观众，但是它为观众服务的设施及辅助用房却严重不足，所以八十年代法国政府决定加以扩建。总统密特朗亲自点将，委托著名美籍华裔建筑师贝聿铭全权设计。当时贝聿铭心中并没有把握，所以他要求给他三个月的时间去思考，而不拿出方案。

他思考的结果是一座只在地上露出金字塔形采光井的地下室。它没有重现法兰西建筑的传统模式，也没有与卢浮宫试比高下。方案颁布以后，许多法国人不以为然，反对采用金字塔的形式。巴黎是历史上有名的艺术之都，卢浮宫也是历史上有名的宫殿。扩建的首要问题,是解决符合博物馆使用需要而又不损害巴黎名都、名建筑的风貌。将扩建部分置于地下,只把主要入口放在地上,采用“避”的方法,利用地下空间,基本上解决了大问题。那么,为什么要选用金字塔形式呢?因为金字塔所占空间最少,也就是遮挡最少;而且金字塔是用玻璃制成,有透明性,在地下或庭院里,都可以看到卢浮宫。

1988年卢浮宫扩建工程顺利竣工。地下宫建筑面积7万多平方米,包括入口大厅、剧场、餐厅、商场、文物仓库、一般仓库和停车场。玻璃金字塔是入口大厅的自然光采光顶棚。它的一边是大门,其余三边另安排三个小金字塔。由三角形水池和喷泉连成整体。宝石般的大金字塔四个底边各长35米,底面面积只有所在庭院面积的1/32;塔高21.6米,是卢浮宫正立面高度的1/3;塔的坡度为51.7。

金字塔的结构、用料、施工工艺的要求很精很高。贝聿铭要求工程师们设计成一个“看不见的结构”。十多位工程师花了四年时间,最后用的是不锈钢构架,重95吨。所用的玻璃板是由两片磨光的玻璃片黏合而成。玻璃要求清澈透明,为此,世界有名的圣哥班企业特选枫丹白露纯白石英砂,特制一个可以滤去使玻璃发绿的氧化铁的熔炉炼制,并送至英国切割,然后要在晴天丽日下,以类似金银细工那样去镶嵌。贝聿铭说:“玻璃金字塔与石头金字塔正好相反,很轻巧。……一个是结实的,另一个是透明的;一个是奴隶艰苦劳动的产物,而今天,我们使用了高水平的工艺。”

现在地下新馆已经开放。想来这座玻璃金字塔或许就像当年的埃菲尔铁塔一样。先遭非议,后成国宝。原先反对金字塔的一部分人,如今不是转而称赞它“原来非常漂亮”了吗?

欧洲最宏大的宫殿

凡尔赛宫位于巴黎西南约二十公里的地方。这里在中世纪时是国王路易十三的狩猎行宫。到了十七世纪,路易十四决心把它建成一座举世无双的宫苑。相传法王路易十四有一次应邀去财政大臣富勒·维康的府邸,看到那豪华的苑囿着实要比自己的枫丹白露宫漂亮而又气派,于是起了嫉妒之心。不久,他们贪污罪将富勒撤职,并被捕入狱,后来竟判处他无期徒刑。而路易十四自己,却决心建造比富勒的苑囿更豪华的凡尔赛宫。

凡尔赛宫于1661年动工兴建,花了十八年,耗去巨资,直到1689年才完工。路易十四先后召集了许多著名的建筑师共同承担新宫的设计。按照路易十四的旨意,保留了旧的狩猎行宫,一个向东敞开的三合院,后来称为“大理石院”。以此为新宫的中心,向四面延伸扩建,形成一组向东敞开的阶梯状连续庭院,南北两翼长达575米的巨大建筑群,共占地100多万平方米,其中建筑面积为11万平方米。这些宫苑建筑布局十分复杂。南翼是王子亲王的寝宫,北翼为王公大臣的办公区及教堂剧院等,中央的“大理石院”是法王路易十四的起居活动区,正中一间是他的卧室,正对着宫殿前放射形的练兵广场和通向巴黎市区的爱丽舍大道,这一布局忠实体现了维护君主尊严的等级秩序。

建筑全部用石材砌成,总的说是以法国古典主义建筑形式为主,即把建筑形象分成纵向上、中、下三段和横向左、中、右三段。然后统一成一个完整的构图。装饰上运用巴洛克式手法,“巴洛克”原意为“畸形的珍珠”,后来引申为不整齐、扭曲、怪诞之意。它与文艺复兴运动所提倡的美学截然对立。文艺复兴时期,所有建筑都强调对称、均衡、比例、韵律,而“巴洛克”在艺术上表现为奇特的、标新立异的风格，提倡贵族统治，享乐至上，故意把建筑雕刻得扭曲变形，叫人不知所云。但是就凡尔赛宫来说，这种风格已与法国传统风格相融合，而显得不那么突出了。

凡尔赛宫内有一个长76米的大厅，大厅西面是17扇高大的拱形窗子朝向花园，东面相应地安装了17面拱形大镜子，这就是著名的“镜厅”。凡重大仪式均在此举行，许多国际条约也在此签署。厅内用白色和淡紫色大理石贴面，壁柱用绿色大理石，柱头与柱基均为铜铸镀金。因路易十四当时被尊为“太阳王”，故住头以展开双翅的太阳作为装饰主题。拱顶上的壁画为国王史迹图，金碧辉煌。

宫殿西面是有名的凡尔赛花园，面积约6.7平方公里，是世界上最大的皇家园林，也是欧洲规则式园林的杰出典范。花园中央有一十字形水池，周围布置着草坪、道路、花坛，两侧有大片密林。这种靠大面积人工种植的地毯式花园是典型的西方园林格局，与中国古典园林追求的“取其自然，顺其自然”的美截然相反。

凡尔赛宫，这个欧洲最宏大最辉煌的宫殿，它的建筑和花园形式成为欧洲各国君主和贵族纷纷仿效的蓝本。1837年以后，凡尔赛宫已改为法国国家博物馆。

东西合璧大王宫

泰国原称暹罗，大约在公元十四世纪强盛起来，在现在的泰国首都曼谷的北部建立了古都，称大城王宫。但于十八世纪七十年代毁于战火。1782年，曼谷王朝建立，皇帝拉玛一世登基，把首都从原址迁到了湄南河东岸的曼谷，着手建造王宫。

泰国大王宫的规模很大，宫中富丽堂皇的殿宇林立，风格多

样，造型奇特。主要宫殿有阿玛林宫、节基宫、宝隆皮曼宫等。

王宫的四周筑有围墙，色彩洁白雅致，形状富有韵律。宫殿中以节基宫为最大，也最华美。这个宫殿的形式很别致，以层层重叠、十字对称、中置宝塔尖顶的泰国民族形式为屋顶，但下部的墙壁和门窗形式则为西方古典建筑形式。这是由于当时英法殖民主义势力渗入中南半岛，所以带来了许多西方文化。而当时的泰国皇帝和王公贵族也颇为欣赏这些西方文明。而此就产生了这种东西方混合的建筑文化。但像建造得较早的律实宫，则完全是民族形式的。泰国民族形式的建筑往往把屋顶装点得丰富多彩，不但形式独特，而且色彩也很丰富，往往用红色和绿色这两种对比性很强的颜色组合起来，形成神奇的东方色彩。下部的墙、柱、窗、门等，虽然形式也很复杂多变，但色彩不像屋顶那样强烈，大多以白色为主，适当加上少量的其他颜色。

在王宫内还建有寺院。泰国自古信奉佛教，其形态也属东南亚一支。宫内建有高高的大金塔，造型有点像缅甸的仰光大金塔，金光灿灿，十分神奇瑰丽，宫内建造的玉佛寺，是东南亚有名的佛教寺院。院内有一尊玉佛，身披金缕玉衣，国王每年凉、热、雨三季亲自为佛换衣。玉佛寺前伫立的门神，用典型的泰国民族装束，头上的帽子犹如佛塔一般，很有装饰性。门神脸上涂着丰富的颜色，正像中国古戏里的脸谱。也许是受中国戏剧艺术的影响。玉佛寺的大门装饰华丽，精雕细刻，也是典型的民族建筑形式。

泰国大王宫既吸收了西方文化，又融合了印度文化和中国文化，取百家之长而为己用，丰富了王宫的建筑风格和文化背景，同时本身也说明了世界文化是相互影响、相互渗透的。

伊朗公主的梦中仙境

位于伊朗首都德黑兰的伊朗公主的“珍珠宫”是一组美丽的建筑群。它是由美国名建筑师赖特基金会的塔里埃森设计室设计的，建成于1976年。建筑构图以圆形和弧形为主题，形式独特，珠光宝气，富丽堂皇，使人不禁联想起神话一千零一夜中的皇宫。设计者以无损于传统的原则，力图以新建筑体现一个王宫的宫殿气氛。这组建筑具有鲜明的“个性”和“象征”性。

珍珠宫距德黑兰市中心大约48公里，周围环有人工湖。建筑采用巨大的穹顶，设有花园庭院、喷泉、瀑布。室内采用水晶般的色彩、装饰和表现形式，非常富有创造力。半透明的大穹顶直径为36.6米，精致纤巧的顶部所造成的气氛，象征广大无边的帐篷。巨大而华丽的大厅，采用天青色的穹顶，蓝宝石色的玻璃，大理石的墙面，仿佛是一个光的世界。穹顶内设有娱乐场所，室内游泳池、瀑布和下沉式的花园，并有设备齐全的影剧场和容纳90座的音乐舞厅，所有陈设、壁画、地毯、吊灯等都很有个性并带有伊斯兰世界的风俗。

为了圆满地实现这个独一无二的珍珠宫，塔里埃森设计室派赖特的学生托马斯·凯西住在当地主持这巨大的工程，并由赖特的学生伊朗建筑师尼札木·艾默里协助他工作。珍珠宫用了四年时间建造成功，它不仅满足了伊朗公主梦寐以求的生活方式，同时也实现了西方建筑师体现现代波斯社会文化新形式的愿望。这里没有模仿和照抄，但又无可否认地具有波斯的传统精神。

三、古代公共建筑

现代体育场的雏形

古罗马帝国的奴隶制非常发达,成千上万的战俘和无力偿还债务的人沦为终身奴隶,成年累月从事繁重的体力劳动,这就使大批的自由民从生产中摆脱出来,成为无业游民。他们的地位次于元老贵族和执政官,但却高出奴隶许多,是有选举权的全权公民。在奴隶们频频起义,奴隶主内部争权夺利的斗争中,他们成为一支举足轻重的政治力量和军事力量。执政官不惜用国家的钱财养活他们,还用各种热闹的、粗野的,甚至是血腥的“娱乐”来取悦他们。他们在共和制末期,仅罗马本城就有30万人之多。罗马的角斗场就是供这些游民和奴隶主及骑士阶层享用的。

角斗场又叫圆剧场,出现于罗马共和制末期,其平面多为椭圆形。罗马时期的角斗场保留至今的尚有数十处,其中最著名的是位于罗马市中心东南的大斗兽场。它是为纪念罗马帝国铁达石皇帝征服耶路撒冷而建造的。相传当时俘获了大量的奴隶,就役使他们建造这座斗兽场。公元82年建筑物落成时,曾进行过壮观的“开幕式”,三千多奴隶被迫在此“表演”并惨死。

古罗马大斗兽场又叫科洛西姆斗兽场。椭圆形平面的长轴

188米，短轴156米。中央“表演区”长轴86米，短轴54米，观众席共有60排大理石座位，逐排升起，分为五区，从下到上分别为元首、元教、主老、贵族、骑士和平民设置，各区之间用围墙加以分隔，其中元首、主教坐的“荣誉区”比“表演区”高出50多米，安全措施十分严密。整个斗兽场的升起坡度接近62°，观览条件很好。观众区设有环廊，供观众通告和休息之用，外围环廊供后排观众使用，内圈环廊供前排观众使用。楼梯安排在放射形的墙垣之间，分别通达观众席各区，人流各行其道，互不干扰。出入口和楼梯都有编号，观众按号入座。斗兽场下面有地下室，供角斗士逗留和关闭野兽之用。地下室里还有排水设施。这样一个可容纳观众5~8万人的大角斗场，空间关系十分复杂，其巧妙的设计使观众的聚散显得井井有条。罗马斗兽场总高48.5米，上下分为四层，下三层每层由80个拱券组成，券洞阔6.8米，显得开朗明快。第二、三层的每个券洞口都置有一尊白色大理石雕像，轮廓明确，可惜雕刻得不太精细。顶上一层为实墙，系公元三世纪所加。椭圆形建筑的光影富于变化，充分体现了几何形体的单纯性，浑然而无始终，突出了斗兽场的庞大和完整。

建筑全部用混凝土、灰华石、凝灰石、浮石建造，部位不同用料也不同。观众席依托在底层七圈柱墩上，采用了筒形拱、交叉拱、环形拱、放射形拱的技术，结构体系完整统一。柱子墙身全部用大理石垒砌、坚固异常，虽经两千年的风雨剥蚀，整个结构仍十分坚固。

古罗马大斗兽场设计得科学合理，在建筑的功能、形式和结构上达到了高度的和谐，代表了古罗马建筑艺术和技术的杰出成就。它的基本形制成为现代体育场的雏形。

无所不能的公共浴场

罗马帝国的公共建筑十分发达，不仅数量多，而且容量大。公共建筑有剧场、赛车场、角斗场、神庙广场和公共浴场。古罗马时期的公共浴场与我们现在所说的浴池不是一个概念。它不仅比现代的公共浴室大得多，而且是作为一个社会活动场所出现的。早在罗马共和制时期，城市里就仿照希腊晚期的模样，建造公共浴场。后来，又把运动场、图书馆、音乐厅、演出厅、交谊室、商店等公共建筑组织在浴场里，形成一个用途广泛的建造群体，除入浴以外，人们还可以在这里会朋友、观看演出、聚会演讲、谈生意、饮食购物，甚至参加体育活动。它在功能上更接近于今天的俱乐部。古罗马帝国在公元三世纪达到鼎盛时期，仅在罗马城内就有11所大型浴场，800余所中小型浴场。其中卡拉卡拉大浴场是当时最庞大的一个。

浴场坐落在一片广阔的土地上，地基高出地面6米多，矩形平面，长宽分别为575米和363米，共占地20多万平方米。整个浴场分为两部分，即外围及两侧的建筑物和主体建筑物。

外围及两侧的建筑主要包括商店、演讲厅、图书馆、运动场和水库。浴池的入口朝着东北方向，商店位于前沿，因为浴池内外地势有高差，所以临街的一面有两层，而对内的一面是一层。两侧接在店面之后的是演讲厅和图书馆，后部是运动场，它的看台后面是水库，能储水33000立方米。闻名于世的罗马石砌输水道将水从很远的地方引入水库中，再用铅管送到各个浴池中去。

主体建筑物非常宏大，长216米，宽122米，可同时容纳1600人洗浴。浴场中央地段的中轴线上从北往南依次排列着冷水浴池、温水浴大厅和热水浴大厅。其中冷水浴池占据了整个露天的院子，两侧则完全对称地布置着一套更衣室、洗濯室、按摩室、蒸汽室和散步的院子。辅助用房设在地下室，在整个浴场的入口方向一致。主体建筑物的四个出入口也朝着东北方向，以便那些急于洗浴的人们能顺利地找到他们想要进入的浴池。

主体建筑的结构十分合理。温水浴大厅是它们的核心，平面呈长方形，长约56米，宽约24米。热水浴大厅平面呈圆形，采用穹顶，穹顶直径35米，在罗马极为少见。其屋顶是由混凝土浇筑的十字交叉穹顶，穹顶的重量集中在八根大的石柱上，每根石柱直径达1.63米，高11.58米。在穹顶的底部开了很大的高侧窗，使整个大厅有直接而充足的天然照明。

浴场有集中供暖。每到冬季，地下室里就开始生火烧水，与整个建筑物相连通的烟道和水管把热烟和热水输送到各个部位。浴场的地板，墙体，甚至屋顶都布满了管道。热水浴大厅的穹顶底部开有一周窗子，以排放雾气。

共和制时期，各种房间按功能需要安排，所以布局不可能相互对称。帝国时期，把各种辅助设施都设在地下室，地面上的布置逐渐趋向对称，并形成严谨的空间序列。开创了内部空间序列的艺术手法，是卡拉卡拉大浴场最主要的建筑成就。冷水浴、温水浴、热水浴三个大厅贯穿在中央轴线上，两侧的更衣室等附属建筑组成横轴线。主要的横纵轴线相交在最大的温水浴大厅，使它成为空间开阖的中心建筑。轴线上，各种用途的大厅紧凑相连，不同形状的拱顶和穹顶造成大厅的空间的大小、纵横、高矮、开阖交替变化，整个浴场的内部空间显得流转贯通，变化万千。这主要是摆脱了以往的承重墙和形成了各种拱顶的平衡体系的结果。从万神庙到卡拉卡拉大浴场，从单一空间到复合空间，可以看到结构的进步彻底改变了建筑的空间艺术，空间在建筑艺术中的作用大大提高了。

浴场的内部装饰富丽堂皇，穹顶、地面、墙壁上镶着玻璃马赛克，四周墙壁下部铺着大理石板，上部画着壁画。壁龛里陈设着雕像，靠墙的装饰性柱子的柱头也有雕像。

古罗马卡拉卡拉大浴场是古代西方最宏大的公共建筑，标志着古罗马建筑已经走向成熟期，对十八世纪以后欧洲的大型公共建筑有着很大影响。

四、现代公共建筑

美术馆·图书馆

1. 世界上最大的海螺

朋友们，你们知道世界上最大的海螺在哪里吗？它就在美国纽约市第五号大街上。在这条街上，有许许多多高楼大厦，大厦之间有一幢形状奇特的建筑物，形似一枚巨大的海螺，这就是古根海姆美术馆。

古根海姆美术馆由两部分组成，一部分是六层高的展览大厅，其中包括阅览室和演讲厅，另一部分是四层高的行政办公用房。作为主要部分的展览大厅，其设计别出心裁。它是上大下小的螺旋形圆筒，高约30米，其外围直径由底部的30米逐步扩大到顶部的38.5米。厅内周围是盘旋而上的螺旋坡道，下部宽近5米，到顶部展宽到10米，坡度为3%。大厅内的自然采光主要来自玻璃穹顶，另外沿坡道的外墙上有条形的高窗透进自然光线照亮展品。

所有展品都挂在沿坡道一侧的墙面上。参观时，观众先乘半

圆形的电梯直到顶层，然后顺坡而下依次欣赏每一件展品。参观路线长达430米，能同时容纳1500人进行参观。无论你站在大厅的哪个位置，都可以看到其他各层人们的活动。

古根海姆美术馆的螺旋形空间形成了连续的参观路线，简洁而集中，同时观众可以在明快的中央大厅看到各层人流在移动，增加了公共建筑的生动感。这方面颇具创造性。设计者赖特曾不无得意地说："在这里，建筑第一次表现为塑性，一层流入一层，代替了通常那种呆板的楼层重叠"。的确，古根海姆美术馆的创新形式对以后的建筑产生了不小的影响，有些国家也建造了一些连续式空间的展览建筑。

古根海姆是美国冶炼界的百万富翁，他为了保存自己收藏多年的现代美术作品，聘请美国著名建筑师赖特为他建造一座全纽约人能永远记住古根海姆这个名字的美术馆。赖特欣然接受邀请。多年来他一直在探索如何建造一种全新的建筑空间，使置身于这个空间的人在前后、左右、上下三维方向里都能感受到空间的有机联系，同时看到的景象又是在不断地、逐渐地变化的。赖特研究后得出的结论是：如果人处在一个极大的螺丝壳当中，他就会有这样的感受。赖特在旧金山曾尝试把一家商店和一个汽车库设计成螺旋形空间。这次在古根海姆美术馆，他的独创性发挥得淋漓尽致。

新奇的设计往往在体现创新与突破的同时，暴露出它的欠缺与不足。赖特认为螺旋的形式是美术馆最好的形式，但在实际展出中，观众站在呈3%斜度的坡道上，感觉很不舒服。又由于墙壁是向外倾斜的，造成每一件展品既没有水平，也没有垂直，与人的视线存在一个夹角，仿佛每一件展品都没有挂正。为了弥补这个缺陷，只好在墙上挑出一个钢的悬臂，把画凸于墙面挂在臂端。另外，在展览大厅的人们如同井底之蛙，除天空外看不到任何外界的景物，使建筑物与外界产生隔绝感，缺乏交流，美术馆特殊的外表与周围有棱有角的高楼大厦极不协调。

古根海姆美术馆是一座创新的建筑，它更多地体现了赖特的“有机建筑”理论，却算不上一座很成功的建筑。

2. 三角形的凯旋

1978年，在美国首都华盛顿林荫广场中间，一幢桃红色的大理石建筑落成了。这就是由美籍华人建筑师贝聿铭设计的华盛顿国家美术馆东馆。

这座国家美术馆占地3.6公顷，总建筑面积达56000平方米。共投资9500万美元，每平方米造价高达1600美元，全部由国家美术馆董事会、匹茨堡钢铁大王梅隆家族及其基金会提供。

国家美术馆东馆包括两大部分：一个是呈等腰三角形的专供展出各种艺术品的展览大厅；一个是直角三角形的专供艺术家或学者研究和开会用的研究中心。

建筑物的正面是等腰三角形的底边，由两个巨大的棱柱体组成的对称入口，里面是中央大厅和四层陈列室。24米高的大厅顶上有25个天窗，每个天窗上覆盖着60平方米的三棱锥钢管骨架玻璃。大厅顶部中央则由一面积为1500平方米、形如蛛网、重约500吨的双层隔热玻璃构成。明媚的阳光从不同角度倾泻而下，在大厅的墙壁和地面上形成丰富多变、美丽动人的图案。天窗架下挂着直径21米的活动挂雕，这些似鸟翅般柔软的红色装饰物在空调产生的气流中徐徐转动，凌空翱翔，形成轻快活泼、热情奔放的气氛。透过屋顶的玻璃天窗，可以看到三个大理石棱柱塔楼，给大厅带来一种高耸感，而厅内那刚劲沉寂、光滑如镜的大理石墙面又给人以平和安详的感觉。大厅内许多面积大小不一，空间高度变化不同的陈列室由形状各异的楼梯、坡道、天桥和电梯相

连接，指引着参观者方便地找到各个陈列室。

艺术研究中心楼的中央是阅览大厅，高21米。藏书30多万册，艺术照片近百万张。读者可以通过电脑系统，方便地查阅这些图书资料。在阅览大厅的四周是办公室、图书馆、阅览室、研究室等，共分八层。屋顶设有休息大厅、屋顶花园和舞台，透过办公室的窗户，可以欣赏林荫广场上那郁郁葱葱的迷人景色。

华盛顿的城市建设是依首都职能展开的，在建成后政府机构汇集这里，成为华盛顿特区。所以，这里不像其他城市那样有拔地而起、高耸入云的摩天大楼，也没有奇形怪状、标新立异的建筑物。由于总统顾问团里的建筑师们严格管理，这个城市在二战后的三十多年里始终保持着古典格局，建筑大多低矮而亲切。在繁茂的花草树木的衬托下，显得典雅而端庄。

贝聿铭在接受东馆的设计委托后，他所面临的挑战是艰巨的。美术馆东馆地处市中心，向东可以望见国会大厦，向西不远，则是美国总统居住的白宫。隔着一个小广场，是1941年修建的旧国家美术馆，那是一幢古典式建筑，左右对称，上有圆顶，下有柱廊，墙面贴满桃红色的大理石。东馆所处的位置是华盛顿国会大厦前的最后一块空地了，而且地面是不规则的直角梯形。在如此重要的环境中设计新馆需要考虑诸多因素：与这个优美城市相称，与旧国家美术馆协调，体现现代建筑的风格等。

贝聿铭在反复琢磨后，根据东馆的使用要求，富有创造性地将直角梯形场地分为两个三角形。一幢为等腰三角形，一幢为直角三角形。两座建筑物靠在一起，中间只有一巷之隔。将等腰三角形的底边作为建筑物的正面，对面正好是旧国家美术馆。由于新旧馆正立面相对，外墙又都是桃红色的大理石，而且建筑高度相差无几，所以新馆看起来与旧馆很协调。同时，东馆那两个靠在一起的立体三角形，线条挺拔，用简单的几何形体表现出现代建筑的风格。

华盛顿国家美术馆东馆的落成引起了极大的轰动。当时的美国总统卡特亲自为东馆剪彩，对它的雍容华贵、娴静大方给予了很高的评价，称赞它是“一座真正的杰作”“当代最优秀的博物馆之一”。许多家报纸、杂志也给予了一致好评。东馆开放的前50天中，参观者不下百万，反映强烈，这在众口难调的美国实在是少见。贝聿铭前后共花了十年时间设计并建成的华盛顿国家美术馆东馆，已作为不朽之作永载建筑史册。

3.U、L、钢琴和混乱

原联邦德国斯图加特美术馆新馆是由新美术馆、剧场、音乐教室楼、图书馆及办公楼组成的一座群体建筑。它位于(1838年建)老馆的南侧，西面隔康拉德大街同斯图加特国家剧院相邻。地段是一块东南高、西北低的坡地，为设计美术馆这样的大型公共建筑物带来了一定的困难。但由于建筑师构思新颖，巧妙地利用了地形特点和城市环境，因而取得了独特的效果。

新馆整个坐落在一个台座上，台座为入口子台，下面设停车场。为了同老馆的平面形式相呼应，新美术馆的平面为U形，分两层安排使用面积：上层为陈列部分；下层北翼为临时展室，南翼为讲堂和餐厅；主要入口设在U形的开口部位，而U形中央为一圆形陈列庭院。一条曲折的城市公共步道从新馆背后的厄本街开始，横跨东面的展室，沿陈列庭院院墙盘旋而下，穿过上层的陈列平台，下到入口平台上。这条公共步道使新馆同整个城市紧密地结合在一起，成为城市景观的一个有机部分。

人们从厄本街走上步道，从位于新馆东面的图书馆及办公楼旁擦身而过，在曲折盘旋的行进过程中，可以俯览陈列庭院中的雕塑品，可以远眺城市的风光。到了入口平台上以后，可以向北

折去，或下到康德拉大街，或经主入口进入新美术馆，也可以继续往南前行，或进入餐厅、剧场，或下到尤金街。

剧场紧贴着新美术馆的南翼，在下层通过餐厅相连。剧场平面呈L形，位于上层的彩排厅跨入口平台之上，既形成下部剧场入口的门楼，又在群体构图中成为突出的重点部位，以同老馆的南翼取得呼应。根据城市规划，剧场南面将隔尤金街新建一座与之对称的反L形建筑物，在两条大街相交处形成一个城市广场。那时，人们就可以从新馆的入口平台上通过步道跨新城市广场南行。

剧场后部是平面为钢琴形的音乐教室楼，它雕塑式的造型，加之图书馆及办公楼具有柯布西埃风格的外观，丰富了新馆建筑群的东南立面。

新美术馆中部的陈列庭院会使人联想起古代的露天圆形剧场，它一方面强调了整体布局的对称性，另一方面又由于公共步道在半圆周内盘旋而造成自身的不对称性。这一空间的模糊性，使人们在其中穿行或逗留时，会体验到一种颇富戏剧性的空间感受。

著名英国建筑师斯特林在1959年设计的英国莱塞斯特大学工程馆和1964年的剑桥大学历史系馆，都是很著名的作品。这次他设计的斯图加特美术馆新馆以十九世纪辛克尔的柏林老美术馆为“原型”，后者是典型的古典主义作品。古典纪念性建筑都用石料。斯特林在新馆上也采用了大面积石墙，石块划分封闭而沉重。同时，他还借鉴了其他“原型”：石块围成的桶形的大厅使人联想起古罗马的斗兽场；展室部分的凹形屋檐散发着古埃及神庙的气息；入口平台及坡道上大红大蓝的超尺度扶手，则有巴黎的蓬皮杜艺术中心味道。斯特林故意表现出一种文化上的混乱，来震惊和困惑参观者，造成了强烈的刺激。

当斯图加特新美术馆于1984年3月建成开幕的时候，不仅吸引着斯图加特的观众，也吸引着联邦德国乃至整个欧洲的人们。这一天有4000人参加了开幕式，有8000人排队争购第二天的参观券。到当年年底为止，美术馆共接待观众120万多人次，创下联邦德国博物馆参加人数的最高纪录。这座八十年代的成功建筑，给见到它的每一个人留下难以言说的深刻印象。

4.有这样一个图书馆

卡布斯特拉娜图书馆为当地的老百姓创造了一个很好的学习和休息场所。它吸收了众多图书馆简洁高效的优点，并通过建筑师巧妙地处理，使其在空间序列上、在立面设计上给来这里读书学习的人们留下深刻的印象。

该图书馆是单层建筑物，方形平面，由大小70多个室内外活动空间组成：会议室、书库、成人阅览室、儿童阅览室、素描绘画室、计算机检索室等，还包括一个庭院。阅览室有大有小，有室内的也有室外的，每个座位都分成一个个小格子，人们可以在这里安静地阅读，互不干扰。也可以到庭院中，无拘无束、轻松地阅读。除看书、借书外，人们还可以在这里开会、听音乐、绘画、看电影甚至喝咖啡、休息。它为来这里的人们提供了一个方便、舒适的环境。整个平面简单紧凑，功能布置合理，建筑面积只有14000平方米。

空间设计的成功是它的第一个特点。当人们通过一个半室外的空间过渡而进入室内的时候，首先看到的是一个高大的空间，由这个空间向四面展开，一会儿豁然开朗，一会儿低矮幽静，一步步，一层层，高高低低变化有序。

阅览室的侧厅又窄又高，狭长而笔直地通向安全出口。小阅览室的尺度则令人感到亲切，好像随时在欢迎人们的到来。加上

室内柔和的、富丽堂皇的颜色设计和室外透进来的自然光线，把建筑空间的魅力充分地表现出来。而这些空间的错落变化与整个建筑体型都紧密相连，使人们从外面一眼就可以辨认出来。建筑师格雷夫斯正是将内部空间的变化与外部形象结合起来，从而设计出丰富的、富有个性的建筑来。

第二个特点是立面设计。格雷夫斯在这幢建筑上运用了具有鲜明个性的符号，这些突出的建筑和装饰特征简洁而又强有力地抓住了参观者的心。强烈的光影变化和虚实对比使建筑立面上的符号更加突出。超大尺度的柱廊似乎给人们以历史的回顾。还有小小的尖顶使人们将传统建筑和现代建筑自然地联系起来，增加了对现代建筑的亲切感。这一切作法，产生了巨大的诱惑力。

与室外立面作法相呼应，室内采用了简单的三角形木构架形式。这些来自传统建筑中的手法经过作者的提炼，注入了新的涵义。

卡布斯特拉娜图书馆那憨厚、质朴的形象，斑驳富丽的色彩，皆为我用的室外、半室外的阅览室，使之成为八十年代出现的、有积极影响的优秀建筑。

展览馆

1.解决燃眉之急的“花房”

1851年，英国决定在伦敦海德公园举办一个世界博览会。自从十八世纪中期发生了轰轰烈烈的工业大革命以来，英国的科学技术迅猛发展，建立了大机器生产，开始了资本主义工业化进程。

到十九世纪，英国已经享有"世界车间"的美名。为吸引各国工商界注意，扩大世界贸易，英国决定举办一个世界博览会。

英国政府早在1850年就开始向世界征集博览会展厅的建筑设计方案，举行设计竞赛。然而，虽然参赛方案有245个之多，却没有一个能满足需要。随着时间的流逝，评委们越来越焦急。因为此时离预定的开幕日期只有九个多月了，如果按平时的做法用砖瓦木材做建筑材料的话，恐怕连烧制砖瓦的时间都不够用了。

这时，一位名叫约瑟夫·派克斯顿的园艺家知道这个消息后，马上起草图样。10天后，《伦敦新闻画报》收到他的样图。这个方案别出心裁，是完全用生铁来做梁柱、屋架，用玻璃来做墙面、屋顶的"花房"。《伦敦新闻画报》登载的这一离奇方案令评委们瞠目结舌，不过虽无法完全赞同，但也提不出什么反对意见。尤其是方案中那些生铁的梁柱、屋架均可以先在工厂里预制加工，然后再运到工地用机械吊装。如果组织各工厂加工生产，那么所需时间不会很长，颇能解决这燃眉之急。于是派克斯顿的方案中选。九个月后，博览会如期开幕。一座用铁框和玻璃建成的展览馆呈现在人们眼前。面对这样一座通体透明的巨大建筑，人们不禁心醉神迷，赞誉它为"水晶宫"。

水晶宫的建筑面积达74000平方米，长度为563米，合1851米，象征着1851年建造，宽度为124米，柱子的间距是2.4米，相当于展台的长度，由于采用了铁柱和玻璃，比起用砖石水泥木材来，其柱和梁架的建筑面积要小得多，柱子和墙身所占的建筑面积仅为1%。整个水晶宫的外形是简洁的阶梯形的长方体，上有一个垂直的拱顶，建筑的各个面只显示铁架和玻璃，没有其他任何装饰，完全体现了大工业生产的机械施工的特色，它的建造充分运用了工业革命所提供的新技术和新材料。

那届博览会早已成为陈迹，但水晶宫这座因权宜之计而得以

诞生的奇妙建筑却长存史册，并成为英国工业革命的象征。水晶宫用玻璃展示出的广阔透明的空间，使人视野开阔，不辨内外，开辟了建筑形式的新纪元。这种全新的形式是用砖石等材料盖成的传统建筑所永远比不了的。水晶宫是十八世纪世界上第一座新建筑，它所探索的设计思想和技术手段，如预制装配、模数制和工厂化生产等至今仍不失其生命力。

博览会后的第二年，水晶宫被拆到肯特郡重新组装，巍然屹立了八十多个春秋，不幸于1936年毁于一场大火。

2. 建筑就是展品

1929年巴塞罗那世界博览会里有个德国馆，轰动了整个建筑界。博筑会结束，该馆也随之拆除了，存在时间不足半年，但其所产生的重大影响一直持续着。经过半个世纪以后，西班牙政府决定于1983年在它的原址——现西班牙巴塞罗那的蒙胡奇公园里重建这个展览馆。由此可见，该馆在建筑发展史上所占有的地位。

该馆是著名德国建筑师路德维希·密斯·凡·德罗设计的，完全体现了他在1928年提出的“少就是多”的建筑处理原则，他认为，当时博览会不应再具有富丽堂皇和竞市角逐功能的设计思想，而应该跨入文化领域的哲学园地。建筑本身就是展品的主体。塑造建筑空间，以水平和竖向的布局、透明和不透明材料的运用，以及结构造型等，使建筑进入诗意般的水平。在一个长约50米、宽约25米的斜坡地段上，他只用一个低矮的平台和一道简洁的矮墙与地段外形取得了一致。入口沿坡设踏步更协调了地形利用。展馆包括一个主厅，两间附房，数道隔断，并配以大淖水池各一个。主厅由8根十字形断面的钢柱直接支撑轻薄的屋顶平板，形成三个规则的矩形柱网。主厅的隔断与十字形钢柱完全分开,清晰地表达了支撑与分隔两种不同的要素。室内采取变换材料的特殊处理手法,磨光的名贵石板长长短短交错布置,有的甚至伸出室外,打破了室内外空间的严格界限。为了疏导空间,还在室内以互相穿插的半封闭空间有机组合,把直角分隔所构成的稳静墙角与空间导向的流动感统一起来,成为现代建筑中常用的流动空间的一个典型。

该建筑的形体异常简洁,平平的屋顶,光光的墙身,柱体上下如一,所有构件相交换的地方都是直接相遇,一切都处理得干干净净,与传统的繁琐装饰相比,给人以清新明快的感受。

然而,该馆在用料上却非常讲究。地面用灰色大理石,墙面用绿色大理石,主厅内部一片独立的隔墙还特地选用了华丽的高玛瑙大理石。玻璃隔断有灰色的也有绿色的。这些色质灰绿的石材和玻璃,在镀铬的柱子互映下,使馆内具有一种高贵雅致和明快的气氛。两个起倒影作用的水池,不仅在位置上控制了整座建筑,而且在情感上带来了新奇的效果。密斯本人曾这么说过:“如果没有那么丰富的建筑材料建造这个馆,它也将成为一个好建筑,但是,得不到这样广泛的高度的评价。”

重建工作于1983年由西班牙著名建筑师C·锡里西主持进行,以150万美元的投资按原样修复。

3.“变形”的建筑

1917年德国著名的科学家爱因斯坦提出了伟大的广义相对论学说。为了纪念他对人类所做的杰出贡献,并为他从事天体物理的研究,以进一步证实相对论学说提出工作场所,1990年,著名的德国建筑师门德尔松设计了爱因斯坦天文台。

天文台位于前民主德国的波茨坦市。它建在一块很小的地面上,远远望去,就像一艘放大了的指挥塔和缩小了的船身所组

成的军舰。由于需要通过装在垂直轨道上的望远镜把宇宙射线直接引到设在地下的实验室,所以必须建造一个塔楼来容纳这个望远镜,这就有了“指挥塔”。以此为整个建筑物的纵向轴线,其他空间对称地安排在两侧。“船身”以天文台的入口为主体,墙面和屋顶与上面的塔楼没有明确的界限,浑然一体。曲线形的门窗也使人联想起轮船上的窗子。在造型设计上,天文台采用了流畅明快的流线形,这种造型直到现代才在工业设计中被普遍采用。流线造型给人造成一种好像是由于快速运动,而形成的物体在形状上的变形,这不仅象征了新时代的“动力”和“速度”感,而且与爱因斯坦相对论有着内在的巧妙联系。

天文台的建筑原料原来选用的是钢筋混凝土,但是由于第一次世界大战后的影响,实际施工时改用砖砌,表面抹了一层灰浆。材料上的不同并没有改变钢筋混凝土材料所能造成的灵活应用性(即无边界和形式自由的特点),建筑物同样具有强烈的可塑性,看上去更像一尊雕塑,使人联想出爱因斯坦的杰出贡献而具有了深刻的纪念性。

爱因斯坦天文台是表现主义的代表作。爱因斯坦本人很欣赏这座建筑,称赞它是“有机的”,由此为建筑师打开了全新的前景,是一个本世纪最伟大的建筑和造型艺术上的纪念碑。

4. 文化炼油厂

1977年1月,巴黎震惊了。一座称得上是世界上最奇特的建筑——蓬皮杜艺术文化中心诞生了。

面对这座建筑,持“建筑是凝固的音乐”“建筑是永恒的美”等传统观点的人们无不张口结舌,继而大肆批驳起来。有人讥笑它不伦不类,有人挖苦它说“像条碰巧驶入巴黎的邮船”。

难怪巴黎人会疯狂,这座艺术中心实在太与众不同了。它不像我们常见的博览馆，也不像任何一种文化建筑，却实实在在、地地道道地像个“炼油厂或宇宙飞船发射架。”

艺术中心的柱梁、楼板、所有设备管道和电梯都毫不掩饰地暴露在建筑物的外面。中心临街的一面，设备管道依功能的不同被漆上不同的颜色。红色的代表交通设备管，蓝色的代表空调设备管，黄色的代表电气设备管，绿色的则代表供水管。但这些五颜六色的东西还不如建筑物朝向广场的一面醒目。在那一面，一条透明的圆管仿佛一条玻璃巨龙，从地面蜿蜒而上，圆管中是一部供人上下的自动扶梯。

尽管艺术中心的外表令人眼花缭乱，但是内部却很简单。在长宽高分别为168米、48米、42米的6层大楼里，一个图书馆、一个现代艺术博物馆、一个工艺美术设计中心，加上主楼外的音乐和声学研究中心，共占据了103300平方米的建筑面积。

对于这样一座建筑，并非人人都不能接受。不少人说它宏伟高大，像座“纪念堂”，有人说它堪称“神话中的建筑”，在我们对它下结论之前，不妨先来了解一下艺术中心的建筑背景和特色。

本世纪六十年代初，法国文化部长马尔罗认为，巴黎虽然拥有众多著名的艺术博物馆，但是其作用仅限于收藏古代艺术珍品，这对于现代生活中所要求的多层次的文化艺术交流显然是远远不够的。因此，他邀请著名建筑师勒·柯布西埃设计一座二十世纪的现代博物馆。柯布西埃看到博物馆的选址在巴黎西部的西郊区，便拒绝说：“这种博物馆应该放在市中心”。于是，马尔罗的计划没有实现。

到1968年，蓬皮杜总统想在市区建一座图书馆，偏巧巴黎布堡高地拆除一片百年老商场，腾出了一大片空地。蓬皮杜总统便倡议修建一座艺术文化中心。原计划的图书馆内容扩大，增加了艺术作品展、电影、音乐、戏剧美术等活动中心以及餐厅、商店、停

车场等，预计每天接待一万人，使它成为一个任何人都能自由参加活动的“文化超级市场”。

为此在世界范围举办了设计竞赛。评委会从49个国家收到了491个方案。意大利建筑师皮阿诺和英国建筑师罗杰斯共同设计的方案中选。工程进行了五年，于1977年完成。而支持倡导者蓬皮杜总统却因病去世。为纪念他的功绩，德斯坦总统遂将这座艺术中心命名为“蓬皮杜艺术文化中心”。

蓬皮杜艺术文化中心的特色可以概括为三个方面：

首先，艺术中心具有灵活的空间。中心采用了大空间的布置方法，无论门窗还是墙壁都是可以拆卸的，用隔断可以随意组成各种形式的空间，甚至连厕所都做成可以随便移动的装置。

其次，外形表现特色为艺术文化与科学技术的紧密结合。原来隐藏在建筑中的管道设备现在全部拉出来曝光，像图表一样清晰；在外面的人透过钢架内的玻璃幕墙可以看到里面的人活动，人们可以自由地感受建筑、评论建筑。

最后是大跨度钢结构技术的运用。由于采用了大跨度的钢管桁架梁柱结构，8000多平方米的大厅中没有一根柱子，增加了使用的灵活性。

但是，事物总是很难十全十美的，艺术中心的优点也造成了一些不足。它的灵活性大得有些过头，反而无法满足各种不同的使用要求，有时甚至导致混乱；统一的楼层高度对于演出来说低了些，对于办公、研究而言却又太高；五颜六色的管线过分突出，有喧宾夺主之嫌。

蓬皮杜艺术文化中心是一种大胆的创新，它为现代建筑的发展提供了实践经验和教训。自开放以来，每天有成千上万的各国人士到中心参观。目前，它所接待的观众已经超过了埃菲尔铁塔的纪录。

歌剧院

1.世界上最舒适豪华的歌剧院

巴黎歌剧院是法兰西第二帝国的重要纪念物，是十九世纪后半叶法国折中主义的代表作品。自1861年开工后，中间因普法战争和巴黎公社起义，直到1875年1月才落成。

歌剧院位于巴黎拿破仑大道（今歌剧院大道）的对景点上，是拿破仑第三时代欧斯曼改建巴黎规划的据点之一，根据建筑师加尔涅的中选方案而建。

这座剧院是世界最大的歌剧院之一，建筑面积为11360平方米。由于舞台和休息厅占用面积很大，座位又十分宽适，因此观众厅只有2138个座位。观众厅为马蹄形多层包厢形式。舞台的长和宽各为55米，高度为60米，可以进行任何形式的演出。

建筑立面为意大利晚期巴洛克风格，并掺用一些古典主义的手法。观众厅上部覆盖着扁平的穹顶，左右两侧附有皇帝的专用入口。观众厅后面是高耸的两坡顶舞台部分，从不同的距离可以看到三个不同的轮廓。

建筑的外部和内部装修得都十分华丽。门廊有许多象征诗歌、音乐、戏剧的雕刻，两翼稍凸出。檐口下的圆窗和璎珞等装饰精美华丽。屋顶两角有以音乐和诗歌为主题的群雕。休息厅内部用金色和大理石装饰，天花板和墙面饰以鲜艳夺目的油画，大楼梯用白色大理石建造。这座金碧辉煌的歌剧院反映了贵族和资产阶级的豪华奢侈，建造这座歌剧院共耗资6200万法郎，为拿破仑三世所建卢浮宫“新宫”的两倍。

泰晤士河畔的白色小山在伦敦的泰晤士河畔，沃特劳桥边，

1969 ~1976 年间建起了一座气魄恢宏的建筑。它像是一座阳光投射下的白色小山，由阴暗迷蒙的天空背景衬托出来。这就是著名的英国国家剧院。

国家剧院由大小三个剧场组成。两座高塔由中部突起，标志着奥立弗剧场和利太顿剧场的后台。在建筑总体构图上占主导的，不是竖向耸立，而水平方向延伸，层叠布置、粗壮有力的平台，就像地质学上的地层似地联系着室内和室外。它不仅使内外空间互相渗透，而且也成为表现建筑特色的基本语汇。它不仅为幕间休息的观众提供了小憩和散步的场地，而且还好像把剧场空间伸展到社会生活中去。

这一建筑无所谓主要立面和次要立面，只是坦然地铺陈开来，穿插到城市中去，而成为城市风光的有机组成部分。

建筑物的表面粗糙，空间丰富，形象有力，外观独特，给人的印象十分深刻。正如设计师拉斯顿自己所说的："形式空间、结构和表面都由混凝土的特性所强调出来。这是建立在时间序列之中的建筑，它将随时光的流逝而增辉。"

国家剧院是战后英国最杰出的公共建筑之一。它的建成进一步丰富了伦敦的文化生活，也为建筑园增添了新的花朵。由于国家剧院的成功，不仅使拉斯顿荣获1977年英国皇家建筑学会金质奖，而且还受封为爵士。

2. 群帆泊港，白鹤惊飞

在风光秀丽的澳大利亚悉尼港的奔尼浪岛上，屹立着一组白色离塑般的建筑，似群帆泊港，如白鹤惊飞，在碧海、蓝天、绿树的衬托下异常优美动人，这就是举世闻名的悉尼歌剧院。

悉尼歌剧院的诞生走过了一段漫长而曲折的历程。

1956年任澳大利亚总理的凯希尔有个在乐团担任总指挥的

好友古申斯，应他的请求由政府出资在奔尼浪岛上建造一座歌剧院，并为此举办了世界性的设计方案竞赛。30个国家送来了233个方案，由美国著名建筑师沙里宁等人组成评选委员会进行评选。沙里宁因故来迟，初评工作已告一段落，沙里宁对评出的十个方案均不满意，重新审阅了被淘汰的方案，选中了由丹麦设计师伍重设计的方案。沙里宁预言，此方案如能实现，定能成为非凡的杰作。他力排众议，最终说服其他评委，采纳了这个方案，把头奖授予了伍重。

当时伍重设计的方案只是一张草图。为了让人们从四面八方包括空中都能看见这座建筑，决定它不仅应该有东南西北四个漂亮的立面，还应该有一个从上面望下去的第五个漂亮的立面。倘若采用一般歌剧院的形式，则不可避免地在舞台上方设置一个方方正正、单调沉闷的吊布景用的台箱，并且突出在整个剧院的最高处。于是他设计了一座矗立在巨大石头基座上的、形如贝壳的薄壳屋顶，由于临近交卷时限，他没有时间去绘制正规的设计图，就把草图寄给了评委，没想到碰上了沙里宁这样一个偏爱薄壳屋顶的著名建筑师，从而一举中选。

伍重的方案虽然被选中，在实施时却遇到了无法克服的困难。原来粗估，壳顶只需厚10厘米，底部厚50厘米。经过结构受力的计算，如此巨大的薄壳根本无法实现。伍重不得不求助于著名的结构学权威丹麦工程师阿鲁普。三年时间很快过去了，基座工程已经结束，但关于薄壳屋顶的各种设想、试验均告失败，阿鲁普束手无策，一筹莫展，最后不得不放弃单纯的薄壳观念，代之以预应力Y型、T型钢筋混凝土肋骨拼接的三角瓣壳体，才使施工得以继续。

但是好事多磨，1957年，当工程进行到第九个年头时，坚定不移的支持者凯希尔总理猝然去世。新上台的自由党以造价超过

原来预算的五倍为由，拒付所欠设计费，企图迫使工程停顿。但此时工程主体结构已经完成，势成骑虎，欲罢不能了。最后，以政府三人小组取代了伍重的主要领导地位，工程才得以继续进行。

1973年，悉尼歌剧院终于落成。前后历时十年，耗资1.2亿美元，超过原预算造价的14倍。

落成后的悉尼歌剧院外观造型奇特不凡，在19米高的桃红色花岗岩的基座上，几个薄壳分为两组，彼此对称依靠，分别覆盖2700座的音乐厅和1550座的歌剧院。旁边两个较小的薄壳覆盖着奔尼浪餐厅。

此外，还有一个420座的小话剧场、一个陈列厅、一个酒会厅、好几个咖啡厅以及办公室等大小房间900多个，全部被安排在基座里面。整个剧院的建筑面积为88000平方米，共占地1.8公顷。

两组薄壳是悉尼歌剧院最富特色和美感的部分，它们是由许许多多人字形的混凝土拱肋连成一起组成的，壳面上贴满了乳白色的陶瓷砖，在蓝天下闪闪发光。如今，这一雕塑性的建筑，已经成为悉尼港的象征，在许多杂志的封面和挂历上都可以欣赏到它的美丽。

近年来，澳大利亚政府为了使悉尼歌剧院更臻完美，又投资5亿美元对其内部进行改造。改造工作仍由原设计人伍重负责。

3.葡萄山

柏林爱乐音乐厅的设计者是联邦德国建筑师夏隆。他的设计方案获得了1956年举行的设计竞赛一等奖。1959年西柏林众议院做出施工的决定并委托夏隆主持此项工程。1960年秋开始动工，1963年全部落成。

建筑造型的基本信息是三重多边形，结构为钢筋混凝土骨架。主要内部空间为演奏大厅，高34米，所有其他空间都安排在

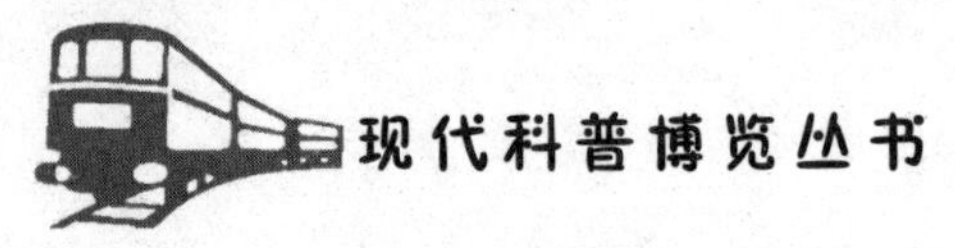

演奏大厅所留出的空间内，除演奏大厅外还包括声响室、合唱排练厅、指挥室、独唱者室、管理室、舞台监督办公室、技术室和广播、唱片及电视转播室等。

演奏大厅的中心是舞台，四周布置了2218个座位，座位分布在大小和形状不同的梯台上，最远视距不超过30米，演奏者和听众之间的交流直接便捷。这种不规则分层分组的坐席群增加了厅内的亲切感和人情味，也丰富了室内的视觉空间。这种造型，夏隆称之为“葡萄山”，是一部“多空间的合唱”，它本身就反映出一种音乐性，有着动态、变幻和不定型之感。他的构思来源于人们在非正式场合听音乐时常围成圈子，音乐成为焦点。在视觉上和空间上都是如此，大厅像个山谷，底部是舞台，周围座位像梯田似地层层升起，顶棚与下面相应。

夏隆早在二十年代就倡导“有机建筑”理论，他常按照功能自身的不同要求去组合空间形体，创造既符合功能要求又有丰富多变形式的建筑。这个音乐厅造型是以视线和声学要求为主要功能依据的。大厅是全欧洲音乐厅中最大的一个，长60米，宽55米，平面上为保持人与舞台的最小视距而设计为中心式舞台。与平面相呼应的天花板也为避免回声和确保声音的最大反射，而设计成一系列凸曲面，外形上也就呈现出帐篷式的独特现象。

柏林爱乐音乐厅代表了战后建筑设计的一种新倾向，也是战后成功的作品之一。

4.蛋形和扇形

多伦多汤姆逊音乐厅是由加拿大著名建筑师埃里克森设计的，专门为世界级管弦乐队提供表演场地的音乐厅。它以独特的造型坐落在多伦多市中心一块约一万平方米的地段上。它的三面被城市干道所环绕，对面是歌剧院和餐厅，后面是市政会议中

心和空间尖塔。它的建成，丰富了以矩形高层建筑为基调的城市景观。

音乐厅设计的实质是室内音质设计。汤姆逊音乐厅的音质设计达到了世界最高水平。鉴于马塞音乐厅、多伦多交响乐厅和门德尔松管弦乐厅受街道噪声的影响较大，这里采用了双层混凝土结构，最大限度地保证室内的安静。由于音乐厅的听众席达2812个之多，过去的“鞋盒式”音乐厅无法使听众得到很好的视觉和音乐效果，而且远距离的座位经过多次声反射，也难以得到真实的音响，无法满足现代人对于“高保真”的音乐享受的要求。因此，埃里克森同著名声学家舒尔茨从12个方案中挑出了蛋形平面，将大厅的平面设计成蛋形，舞台布置在小的一端，听众席分三层布置，上面两层挑台环绕观众厅形成连续的扇形，并与舞台后方的两层合唱席连在一起，形成完整的二、三层空间。席位与舞台的距离均不超过32.6米。扇形挑台都指向演奏平台，整个大厅的观众均可得到很好的视听效果。

由于扇形挑台所造成的突出，对于音乐厅来说并非最佳选择，设计时选用了高标准混凝土，来加强墙体的声反射，不仅混凝土的高密度可以反射声音，而且由于每块墙板内凹，而挑台外凸，从而在形状上也把声音反射向观众席。在观演厅正中上空，悬挂了一个不锈钢鼓状环，安装着共鸣器、扬声器等扩音设施及灯光设施。鼓状环和扬声器都可以随意调节高低。

埃里克森原计划将玻璃网窗从演奏大厅正上方的圆环上径直落到方形平面的四个边上，但玻璃制造商反对这样做，因为这种形式需要大量的不同形状的菱形玻璃片，在经济上是得不偿失的。埃里克森重新进行了设计，在钢筋混凝土网架结构的外面又镶嵌了一层褐色玻璃的钢网架。这种玻璃斜顶可反射连续的图案，白天是阳光和白云，夜晚是内部闪烁忽现的柔和灯光和楼梯走廊里走动的人群。环绕音乐厅外围的门厅和休息厅,透过笼罩在上面的网架射进来的光线,形成了斑驳陆离的光影效果。

音乐厅的西北部是多伦多市西区的街心花园,它不仅为音乐厅创造了一个优美的环境和景观,而且提供了一个夏季举行室外音乐会的场所。庭园内设有3.3米深的喷水池,水吸干后,就成了室外音乐厅。听众和演员都可以从休息厅经扶梯下到这里。邻近的马拉松大厦的立面镶嵌了分割成小块的镜面,反射出庭园变换的景色,丰富和扩大了视觉效果。

毕竟,汤姆逊音乐厅也有它的局限性。它的形体的单纯感不免使人感到音乐作为流动的建筑这一特性,在建筑外部形象的细部上没有表达出来,似乎缺乏一点深度;其次是在近年来音乐厅的探索中,多已从哥特式的建筑或"鞋盒式"中解放出来,所走的路如夏隆设计的西柏林爱乐音乐厅和美国旧金山大卫交响乐厅等多是"山谷梯田式"和"环绕式"的结合,或"鞋盒式"同"山谷梯田式"的结合,取得了很好的音响效果。现代人对精致典雅的古典音乐要求音响直接收入耳中,不要经过太多的平面折射,而汤姆逊音乐厅大量的挑出台口,造成的声音效果可能较适宜于热情洋溢的浪漫派音乐。但是无论如何,汤姆逊音乐厅的音质设计是世界一流的,虽然不近完美,终究也是瑕不掩瑜。

多伦多汤姆逊音乐厅是由汤姆逊家族、联邦政府、省政府和市政府联合集资兴建的,共耗资3.9亿美元,于1982年建成开放。

体育馆

1.巨大的扇叶

日本在第二次世界大战中是战败国,经济受到很大创伤。但

是经过十五年的恢复和成长之后，不论工业生产还是科学技术都取得了长足的进步，大有后来居上之势。六十年代日本经济进入了成长期，工业技术的进步给建筑创作提供了足够的物质手段。由丹下健三设计，于1964年建成的代代木体育馆正是那个时期技术进步的象征。它脱离了传统的结构和造型，被誉为划时代的作品。

代代木体育馆的主馆和附属馆布置在一段不规则的场地上，建筑面积34204平方米。两座体育馆的入口以流畅圆滑的曲线形成的大厅空间，使两馆在布局上遥相呼应。15000座的主馆，其平面为两个错开的半圆形，从空中鸟瞰恰似一张巨大的扇叶。这种布局形式成功地把封闭式的圆形空间变成了开放式的螺旋形空间，既符合体育馆的功能要求，也反映出建筑物鲜明的个性。

为了把创造性的布局变为现实，体育馆的屋顶采用了悬索式结构。主馆的两个入口处矗立着两根钢混凝土筒形支柱，支柱之间用吊索相连，吊索下的几十根钢缆从体育馆的长轴方向引向观众席的四周，吊索的开口处用作体育馆的顶部采光。这座用悬索式屋顶覆盖的体育馆，观众席上部的天棚曲面犹如篷幕，从长轴方向垂向四周，空间的整体感强。天棚上舒展自如的钢缆曲线，柔和的顶部采光，使体育馆的内部空间显得高亢、开阔。而天棚正中隆起的大空间，似乎能够把观众观看比赛时的炽烈感情引向高潮。

圆形本来是向心的、封闭的，而设计者追求的是明朗的、开放式的集会空间。富有创造性的处理手法和先进的悬索式结构，解决了这一矛盾。代代木体育馆的建筑形象绝不是传统的继续，却反映出日本建筑的民族特色。随处可见的粗犷的石墙，悬索式屋顶的屋脊的造型，令人感到这些似乎是日本传统建筑构件的变形和夸大。

代代木体育馆的不足之处是场地失之过小，没能安排好数万名观众的活动空间，另外忽视了建筑物与周边环境的关系，体育馆的造型未能与周围的建筑物外观取得协调。此外一点是没能将体育馆南面入口的车流和人流分开，问题至今尚未解决，这也是设计者一再感到遗憾的。

2.Y形柱的“力量”

为迎接1960年罗马奥运会的到来，罗马兴建了多项体育设施，小体育馆就是其中之一。这座体育馆是为举行篮球和拳击比赛用的，要求容纳6000~8000名观众。负责这项工程的建筑师是阿尔巴尼·维特罗齐，结构工程师是有名的皮埃尔·奈尔维。奈尔维是位钢筋混凝土大师，善于把结构的力学性能同结构的形式美结合起来，因此也不妨称他为建筑师。罗马小体育馆是奈尔维一个著名的代表作。由于结构形式十分优美，以致人们常常把建筑师的名字遗忘了。

罗马小体育馆是圆形的，直径59.2米，奈尔维给它加了一个由钢筋混凝土肋组成的穹顶，看上去很像蒙古人的帐篷。整个顶子由1620个厚度只有25毫米的大大小小的菱形槽板拼装起来。槽板之间有空隙，加上钢筋，再浇上混凝土，形成支撑穹顶的拱肋。槽板上面又浇了一层40毫米厚的钢筋混凝土，加强了穹拱的整体性，同时可作为防水层。穹拱由36个Y形的柱子支撑。柱子暴露在建筑物的外面，充分显示出“生机勃勃的力量”，恰到好处地表现了体育建筑的特征。Y形柱是向圆心倾斜的，顺着拱的力线把拱的推力传到埋在地下的环形基础上去。穹顶的外缘皱折成波形，防止产生不利的弯曲，同时又加大了窗子的高度，取得了优美的视觉效果，可谓一举数得。

穹拱的菱形槽板是预制的，尺寸和形状主要按建筑内部合理

的尺度感决定。构件用石膏模制作，表面光滑，无须抹灰。屋顶结构和内部挑台等结构是分开的，可以不受牵扯地独立进行施工，非常方便。

在这项工程中，奈尔维不仅表现了娴熟的结构技巧，创造性的构思能力，同时也表现了很高的建筑意识。小体育馆的天花非常美，像是一朵凹凸相间的葵花。一条条精致的拱肋，轻盈秀巧，又像是昆虫的薄翅。Y形支柱是浅色的，支点很小。从里面望去，整个穹拱仿佛悬浮在空中，似乎观众一阵掌声就能把它送上青天，真是意境无穷，难怪有人称奈尔维为“钢筋混凝土的诗人”。

3. 昂贵而巨大的帐篷屋顶

慕尼黑奥林匹克体育中心坐落在距德国的慕尼黑市中心区仅4公里远的地方。由于能很好地体现“设在公园里的奥运会”“保证轻松愉快地进行竞赛”等意图，此设计获得设计竞赛的头奖，并于1968年开始施工，1971年底全部建成。

这个大型体育建筑群的占地面积为3平方公里，主要建筑有可容纳8万人的体育场，可容纳7000人的体育馆，可容纳9000人的游泳馆和各种球类及自行车的训练、比赛及赛前活动等场地，还有高达290米的电视塔和广播电视中心，以及为运动员、观众和新闻工作者服务的奥林匹克村和新闻报道城。场内有大片人工湖和土山，85万平方米的草坪和树林，还设有露天剧场、观景台，形成了环境宜人、引人入胜的体育公园。

整个建筑群最显著的特征是巨大的帐篷屋盖，它的建筑技术成为全世界轰动一时的奇迹，同时本身也成为“慕尼黑的标志”。它覆盖了半个体育场、整个体育馆和游泳馆及人行走廊区，面积达74800平方米。屋盖重达3400吨，由12根40~80米的高大桅柱及45根34米高的小桅柱支撑。屋盖的网索钢缆每一小格为75平方厘米,通过数以十万计的柔性缓冲装置接头以保证自由伸缩,上面覆盖浅灰棕色透明丙烯塑料玻璃。除使64000名观众免受日晒雨淋外,这个屋顶构成了建筑自由、奇特、富有个性和独创性的外部轮廓。它的形体与周围的草坪、树林、山坡和湖泊自然地结合在一起,形成优美宜人的景观。同时,透明的屋面使室内视野不受阻挡,室外景色一览无遗,颇为壮观。这个屋顶也是世界上最贵的屋顶,造价为16500万马克!

体育中心的其他技术设施也是很完备的。运动场的照明舞台上装有144个高效率探照灯,场地照度达1500~1800勒克斯,色温8000K;足球场上的天然草皮下设有19公里长的暖气管线,以延长草皮的生长期;体育馆地板下有人工制冷冰场;游泳场内的练习池和教学池的池底均可升降,以供初学者和儿童使用。

所有这些设施都考虑在平时为体院学生、体育协会及业余运动员、一般群众使用或举行文娱活动。场馆的看台座位也考虑到长期使用的问题。如运动场可容纳8万人,其中47000是座位,其他为站位;游泳馆可容纳9000人,其中只设1500个固定座位,其他是临时看台,赛后便可拆除。由于这里公路铁路交通便利,景色优美,已成为慕尼黑的新城区。

4. 伏在陆地上的大鲸鱼

耶鲁大学冰球馆是由美国著名建筑师沙里宁设计,于1958年建造的。沙里宁大胆运用现代科学技术成果,把建筑造型升华到雕塑艺术领域。

这座建筑,骤然看去,好似一条大鲸鱼,那曲线流畅的造型如同天生地造。在屋顶的正中是一条形如弓背、跨度长达85米的钢筋混凝土曲线脊梁。从脊向两边拉着悬索屋顶,形成一个跨距达57米,面积为5000平方米的空间,可同时容纳3000人。其主要入

口朝南,像鲸鱼张开大嘴准备吞噬每一个想要进馆的人。

整个建筑内外朴素简洁,没有任何多余的东西。为了满足声响效果上的要求,只悬挂了一些彩旗,从而还活跃了场内气氛。

这座冰球馆与其说是一幢建筑,不如说是用新技术和新材料做成的一具雕塑。耶鲁大学冰球馆是沙里宁所设计的最好作品之一,被建筑界推崇备至。

会　堂

1. 可以伸缩的活动屋顶

美国匹茨堡公共会堂建成于1961年。它是一座圆形的多功能建筑,既可作为会堂,也可当做露天体育场、室内比赛场、溜冰场或展览场地。为此,会堂内设有完善的空调、照明、无线电及电视广播等各种设备,还具有良好的音质。会堂内设有9280个固定座位,最多可容纳13600人。

会堂内有一个可供戏剧和音乐表演的舞台,平时隐藏在看台的下部,当需要使用舞台时,通过液压升降设备,就可将舞台上部一块有2100个座位的看台支起,露出舞台,这时看台的底面就变成了舞台的顶部。

这个会堂的最突出的特点是,它的巨大而可以伸缩的不锈钢活动屋顶。屋顶为圆形,最大直径为127米,顶高33米。整个屋顶构成八块大叶片,每片是一个45°的扇形,下端支在钢筋混凝土圈梁上,上端支在一个三角形悬臂空间框架上。八块叶片中,有六块是活动的,有两块是固定的。需要打开房顶时,可开启驱动设备，六块活动叶片就自动移动叠放在固定叶片上面了。这样，会堂就变成了露天体育场。

匹茨堡公共会堂以其灵活的结构、完善的设施而独具特色，在世界名建筑中占有一席之地。

2.断裂的马鞍

西柏林大会堂是美国为1957年世界博览会建赠给原联邦德国的一个礼物，由美国斯图宾建筑事务所设计。

会堂平面呈卵形，座位布置成阶梯状，屋盖是马鞍形的薄壳，壳体向外挑出很多，跨度约30米。这种形式的建筑在六十年代十分流行。它的结构形式是，从两个支座伸出两个斜拱，形成受压环，拱的两个端点是钢性连接，斜拱之间是用悬索支撑的6.5厘米厚的薄壳屋顶。双向相反弯曲的受拉缆索屋顶形成一种向上飞腾的动态，造型新颖，非常富于表现力。

遗憾的是在这幢建筑落成二十三年后，也就是1980年5月的一个上午，建筑的一侧突然倒塌。当时会堂内正在举行一个新闻出版会议，幸亏建筑物在倒塌前出现了震动，许多人逃出室外，才未造成重大伤亡。

从理论上来说，这种结构是稳定可靠的。那为什么又倒塌了呢？据分析，可能是由于拱和壳的交接处屋面渗水，由于长期水浸，钢缆锈蚀断裂，拱即失去侧向拉力而发生倾塌。有趣的是，大会堂的另一侧却完好无损。

其他建筑

1.普济医院

依照1915年以后日本军事占领当局施行的向日本侨民倾斜的城市建设政策，在日侨集中居住的中心区域设置一家综合性医院就成为一种必然。客观上，日占5年后着手建设的这一医院，使得日侨的医疗条件得到了改善，也使得胶澳市区旧有的医院布局变得更合理了。

这时，日本当局主导的市区建筑主要分三期进行：第一期在今市场一、二、三路和聊城路、临清路一带开辟商业中心区，称新市区；第二期在辽宁路、广州路与台西镇间的高地开辟住宅区和商业区；第三期为台东镇商业区和大港防波堤填海地面。而1919年6月建造的现代化的普济医院，则正好位于这三期规划的中心地带，时已成为市区主干道的胶州路、上海路和江苏路成为沟通这之间的主要渠道。

今天我们可以清晰地看到，普济医院是继总督府野战医院和铁路医院、福柏医院后，青岛在20世纪前20年中建设起来的第四座较大规模的标准医院。从总督府野战医院始建到普济医院竣工，这中间刚好是20年。

普济医院主楼建筑位于一段东西走向的低矮丘陵的高处，处十字交叉路口，面向观象山。建筑平面略呈“一”字形，主体为二层，局部三层，面积563.7平方米。建筑立面采取轴线对称式手法，门厅入口处设挑檐，中部略凸，上端为弧线并配以大面积的石墙，两侧转角用方整花岗石砌筑，顶部装饰花状。建筑后侧为一高起的四面歇坡式屋顶，形成轴线的高潮点。竖向狭窗与实墙面形成极强烈的对比，而实墙顶端的椭圆形装饰墙面，则留下刻意设计的痕迹。

据记载，日本建筑师三上贞设计的普济医院于1919年6月建成，内设病房4间，病床15张。1922年，普济医院改为肢澳商埠普济医院，12月，籍贯江西九江的蔡振声出任商埠普济医院院长。1925年，胶澳商埠普济医院改为市民卫生院，1931年称为青岛市市立医院。

1939年4月，青岛的日本商人和日本海军联合在市立医院内创办青岛医科大学，学制5年。1946年1月移交给国立山东大学筹建医学院，校舍归还市立医院。

2. 天主堂医院

对于处在青岛、鲍岛二区交界的这间笼统地被称之为天主堂医院的医疗机构，史料似乎很少涉及。我们猜测，这其中部分的原因，在于这里被过早地改变了用途，使得人们记忆的重心被转移并最终造成了一种中断。同时，这应该也和宗教组织后来的遭遇有关。医院史料的缺失，结果便造成了一种割裂，在欧人区青岛和华人商业区鲍岛之间缺少了一种重要的连接和过渡。

和1905~1907年间出现的天主堂医院有关联的一条史实是：1900~1902年间，白明德划购了曲阜路、安徽路、德县路、浙江路口之间的地皮，修建了一座砖瓦教堂。此后，这里成为青岛天主教活动的中心。而博山路邻近这一地块的北部，实质上成为了教会和华人区之间的过渡。在这里建筑一个“对一般贫苦市民多免费施诊”的医院，其用心不言自明。

根据1899~1900年度的《德国在胶州地区发展备忘录》的记载，至少在当时“尚无接纳中国病人的医院”，第二年，由普通福音教会建立的一所专门服务华人的医院，使这一“不良状况”部分地

得到了改善。自1899~1905年的6年间，有5所大病房的总督府医院也已达成。1905年时，德英美等国侨民与同善会集资的福柏医院也开始了建设。实质上，天主堂医院和南边的福柏医院的建造时间相当，而建筑的规模，两层楼高的天主堂医院似乎还要大些。这座"L"形的建筑，对于这个城市的贫苦者的记忆，应远较规模更大的政府医院深刻。

资料显示，建成后的天主堂医院有1栋楼房和11间平房，设内、外科及妇产、小儿科，有病床12张。医院的业务由方济各女修会神圣修女院承办、德藉修女刘约翰任院长，副院长为意籍修女赛卡地纳，主治医师为维石英和石美德，医药由德国进口，经费主要由教会补给。1935年后，医院改由奥籍修女贾淑芳负责。但三少在这时和此后的10多年，医院免费施诊的宗旨没有被改变。

3. 医药商店

1897年德占胶澳后，化学药品逐渐有了市场，德、美、英、日、法、意、瑞士等国的药品相继进入。20世纪初，青岛西药品种已逾500种，其中，德国药品最多。由于各国药品名称各异，加之译音差异，一时药名多达3000多个。

1899年，德商凌基药房创建后，胶澳市售西药逐渐增多，但在此期间，西药销售仍然很低，人们治病还是以中药为主。1900年，胶澳总督府法令规定，西药房开业必须经过开业考试领有执照，遵守德国的药局法和接受总督府药师的检查。

亨利王子路（今广西路）上的这幢建筑最初为医药商店似乎无可置疑，因为巨大的老虎窗上方的纹章上凿有医生的标志：一根蛇体缠绕的圆杖。建筑用花岗石装饰檐口、滴水嘴以及底部粗短的承重柱。红色墙体间以清水粉墙和彩色方形墙砖，暗红色的墙砖上可见橡树叶的图案，建筑上部两个楼层及两座烟囱所采用的拱形与曲线，具有青年风格派的典型特征，给人以珠联璧合之感、建筑师充分利用寸土之地，檐高恰为规定的18米，但高起的蒙莎顶为楼房另外开辟了第四层空间，它靠巨大的老虎窗和屋顶的一排竖窗。一般认为，医药商店是城区最漂亮的青年风格派建筑。

这幢楼房的建筑师是否为罗克格，已无文字记载，但在罗克格设计的许多建筑物中部可见到类似于该楼的处理风格。例如：山墙与路德公寓有异曲同工之妙；蒙莎顶的处理又类似于天津的康科迪亚德总会；曲线的运用亦见于亨利王子饭店音乐厅；而其底层的粗大花岗岩石柱，则可在福音堂的东边门上见到踪影。

1900年，胶澳督署发布了青岛历史上第一个药政法规《关于药剂师及药剂规则》。此后各个时期的政府都设有药政管理机关，相继发布了一些法规，对药商的经营、药师的资格审核、执照发放、麻醉药品管理、药品广告等作了规定。亨利王子路上的这间德国医药商店后来的变化没有记载。有材料称，药店的使命完成后，这里曾一度成为橡树餐厅，但是，这个时间离着后来的红房子餐厅还很遥远。历史留下的，仿佛仅仅是一个模糊的记忆，一个背影。

4. 路德饭店

路德饭店坐落在霍恩洛厄路（今德县路）一片面积2700平方米的有落差的坡地上。设计者被认为是库尔特·罗克格。这一说法来自一位德国学者的考证。但是，将饭店与罗克格在此前后在青岛设计的许多青年风格派建筑相比较，我们发现这些建筑之间的差异较大，老成对称的面目和毫无顾忌的直线的使用，似乎与罗克格的联系少了些。如果这一考证是可靠的话，那么，我们推测这一设计结果应是受到了两种情况的影响，一是严格遵守了业

主海伦·路德女士的要求;二是在1905年时已成为职业设计师的罗克格面对如亨利王子音乐厅、医药商店等重要的设计订单无法独自一一完成,遂与他人合作。这就使后人难以仅仅从风格上寻找到罗氏富于激情的独特身影了。

目前依然保存完好的饭店高二层,立面简洁而富于变化,这种变化由中间虚空的外廊和两端醒目的实墙共同完成,而巨大的红色坡顶成为其最明显的标志。而饭店朝向霍恩洛厄路的东立面的严谨的对称性,是这栋建筑给人留下的最为深刻的印象。居中的主入口和开设在坡顶中部的阁楼窗洞,构成了主立面的核心部分。

饭店的一楼有四间带敞廊的客房,北面是客厅和餐厅。厨房在其下方的地下室。主楼梯通向二楼,上面有两间套房和五个单人间(其中只有一个单间有浴室和厕所)。饭店的南面有一座网球场,西边则设有车房,从某种意义上说路德饭店公寓是亨利王子饭店、海滨旅馆、车站饭店等短期住宿场所的补充,它给欲较长时间逗留的过客提供了便利。

1910年11月18日出版的《德文新报》曾有天津一个英国商人记叙说:"我们在港口向一家公寓订了房间。幸运的是我们在路德公寓拿到了房间。我们在那儿度过了非常愉快的时光。这座德国风格的宽敞公寓堪称一流,具有舒适的现代化设备,价格也很适中,公寓女主人和蔼可亲。对待英国客人殷切周到。"

5.水师饭店

从建造时间上看,1901年5月至1902年完成的水师饭店应是青岛最早的饭店建筑之一,稍晚于亨利王子饭店,却要早于海滨旅馆和建造时间较晚的车站饭店。水师饭店建成时有40个房间,其规模也仅次于亨利王子饭店。水师饭店的选址据说有考虑使船只易于到达的因素，所以其离当时的临时码头栈桥很近。但对给士兵和水兵们提供栖留的水师饭店而言，仅仅在建成两年后，随着入港码头的启用，这一考虑显然已失去意义。1904年3月新建成的港区距商业中心至少有3公里远。

水师饭店位于规划中的欧洲商业区中心，其建成后不久，这里就成了这个新兴的港口城市最繁华的地区。饭店主楼两层，造型轻松、明快且起伏变化，富于节奏感。有研究者认为，这座建筑具有德国中古时期新文艺复兴风格的典型结构：高耸的角楼、横跨正门的前立面山墙、木制的外廊。建筑仅仅使用了很少的装饰，外墙被涂成一种极淡的黄色，这一类似假日酒店的做法在当时的青岛建筑中不曾被广泛使用。水师饭店建筑塔楼之下和外廊扶栏处的交错桁架被用作装饰体。

据1899年10月28日的《胶州消息》记载，兴建水师饭店的意图是"为士兵和水兵……提供休养栖留场所，以免他们游荡街头、出入下等餐馆和酗酒，并由此引起道德沦落""总之，来访者应该在这里得到各种有益身心健康的机会"。

依据1898年10月11日当局颁布的《建筑监督督察条例》规定，商业街道两旁的建筑限高18米，不得超过街道的宽度，楼高不得超过3层。但水师饭店处在路口的塔楼部分却高出了3层。在20世纪20年代，日本建筑师沿中山路两侧修建了优雅的街旁装饰物。自1915年始，此处移用为日本俱乐部。

6.海滨旅馆

海滨旅馆与王子饭店同属一家公司经营，是青岛最早的假日旅馆。呈"一"字形展开的旅馆建筑面对市区最大的海滨浴场。在当时，海滨浴场仅有一些较为简陋的木制房，所以从旅馆内南向的任何一个窗口望出去，都可以尽情地观赏到维多利亚海湾

(今汇泉湾)的风景。应该说,这时的海滨旅馆与海滨浴场是一个整体。海滨旅馆是漂亮的维多利亚海岸的一个组成部分。

一如早期的从瑞典预制的总督私邸、威廉皇帝海岸(今太平路)上的亨利王子饭店和总督学堂,海滨旅馆的建设几乎没有使用在稍后被大力推崇的当地石材,这让这间旅馆看上去有些临时应急的色彩。旅馆建筑通体为砖木结构。

三层高的海滨旅馆每层高约4米,便于观览的外敞走廊和罩于外廊之上的红色坡顶,在朝向海湾的南立面上形成大面积的凹凸对比,也让整个建筑变得轻盈了许多。

旅馆内的中心部分是高大宽敞的门厅,中间为楼梯。夏天烈日炎炎的日子里,过往的客人和从露天海滨浴场游泳归来的人在这里小憩后,分流到左右的房间和上面两层的客房。资料显示,旅馆内含31间双人客房、若干浴室、餐厅、阅览室、沙龙客厅以及一个舞厅,很多旅游手册曾强调,从旅馆前宽大的阳台上可以望到美丽的海景和海滩上的人群,相信这样一种体验曾是好多住客长时记忆。使人同样不能忘怀的是旅馆背面一个没有看台的大型跑马场,激烈的奔腾与一年中大部分时间都十分宁静的海湾形成子对比。

1912年秋,孙中山在青岛停留的时候,曾入住海滨旅馆。当年10月11日出版的《德文新报》报道说,孙先生在青岛停留两天,家眷随从等一行人员共占用了旅馆客房的16个房间。这一数字已超过旅馆所有房间的一半。

7.大港火车站

较后来规模更大和更具代表性的胶济铁路青岛车站,建造于1899年的大港火车站早在20世纪初叶也已显过时。但史料显示,在胶济铁路初建时,这座火车站的站舍实质上是规划中的胶济铁路胶澳青岛起始地，是青岛最早的火车站。

1899年秋胶济铁路兴建之始，大港火车站便也同时开始兴建，规模不大的车站随后建成，在1901年更大规模的新青岛火车站建成之前，这座临近港区的火车站承担了最初的始发站使命。有一种说法认为，青岛欧洲人区内的新火车站是外国人火车站，而大港火车站是华人火车站，其实并不确切。依据最初的规划，胶济铁路的终点便是大港火车站附近的新港区，而后来新火车站的出现是依据调整过的方案另外增加的。因两个火车站分处欧华两区，所以在后来的使用上功能有所区别。

大港火车站所处的位置无疑是无可替代的。在1922年出版的《青岛概要》地图上，大港火车站附近的普集路一块地段上明确标有“青岛车站预留地”字样。1935年1月在青岛工务局完成实行都市计划方案的初稿中，则明确说明：“城市交通体系以大港为中心，大港火车站为总火车站，并在胶州城东平原规划综合车站，而青岛火车站则为单纯的铁路客运车站”。

主立面有些怪异的大港火车站与港区近的只隔开一个街区，处在一片高起的坡地的边缘。铁路线和港区的一条平行的便道形成近5米的落差。站房主立面朝向东方，略为退后于街道，在前面形成一个小广场，这不仅使车站人流有了一个缓冲的空间，也使得不太高的建筑更容易被辨认。站房为砖石木结构，地上三层，包括阁楼，另有地下室，建筑面积978平方米，最初设站长室、行车室、售票房、候车室、行包房等。

车站前石砌筑的两个主门被设计得很大，很像城门，成为建筑中最为突出的部分。两门之上，是一个很大的阶形山花，上开竖窗，这一颇有些喜剧性的设计使整个车站像一个活脱脱的纯朴农夫形象。

8.德国胶州邮政局

1897年,德占青岛后即设战地邮站。1899年德国邮政部成立胶州帝国邮局,发行胶州邮票,业务由上海的邮政管理处管理。对于营建新邮政大楼由邮政局还是总督府出资,以及为邮政局租房是否更为实用这些问题德国人争论了很长时间。最后,还是由总督府为邮政局租下了亨利王子路(今广西路)、阿尔贝特路(今安徽路)口这幢商业大楼的底层。

这家私人商业大楼的立面原为红砖墙体。护墙和拱券则做成浅色清水粉墙。角部高起塔楼,突出了面向街口的转角。两处山墙体强调了建筑的侧面。临街的屋顶覆以红砖,背面的平屋顶则用铁皮铺成。这座三层楼的建筑一楼辟为邮局,二、三楼用作宿舍。胶州德意志帝国邮政局开办邮政、电报、电话业务,经营国内外的印刷品、贸易契约类、货样类、包裹、汇兑等。后在胶济铁路沿线设立胶州塔埠头、高密、沧口、潍县、青州、李村、济南等17处邮政代办所、邮政分局或邮政点。1903年时,帝国邮局函件出口量为102.49万件,包件2564件。

早在1898年德国占领的第一年,市内就架设了直通到李村的电话,三年后,已有私人电话56部,总督府公用电话38部。1899年,公众市内电话局设立,初装时有用户26个,全部使用磁石式电话。1922年中国收回青岛主权时,市内有共电式交换机2200门,磁石式190门,市区实装电话21261门。

史料显示,在德国1897年11月占领胶州之前,驻防的清军已有一条通往济南的电报线,它接在由北京通往上海的线路上。这使得清朝总兵章高元在寒冷的1897年11月里与清政府的紧张联系成为可能。1898年,德军在狄特立克山(今信号山)建立无线电台。同时,因德国在胶州的邮政业务由其在上海设立的邮政管理处管理，为了摆脱不可靠的陆路联系，邮政局于1901年1月1日由青岛至上海铺设了一条海底电缆。

1914年日占青岛后接管德国邮电机构，设立了战地邮电局。

9.总督官署

昔日的德国总督府坐落在地势平缓的观海山南麓，面向青岛湾。呈漂亮弧形的霍恩洛厄路（今德县路）与威廉大街（今青岛路）交汇于此，后者构成通向大海的视线轴。官署的前方为总督府广场。

从资料上看，总督官署的建造稍早于总督官邸，这其中的部分原因当是此前已建造了一个临时性的总督住所。在离开原属章高元的清朝总兵衙门到1906年官署办公楼建成的这段时间里，总督的大部分公务应是在当时处在城市东部的早期私邸里进行的。据1899年4月20日出版的德属《胶州关报》报道，在当年，德国总督官署的建造已被列入青岛城市规划。

始建于1904年春夏之交的这座中轴线鲜明的庞大建筑，立面为横三纵五对称处理，有两层券廊和方形爱奥尼壁柱，古典主义色彩浓郁。平面呈“凹”字形的四层官署总建筑面积7500平方米，高20米。大门外依地势被设计成二层花岗岩台阶，强化了建筑的威严和中心地位。

官署是一座砖石和钢木混合结构的建筑。钢材为德国著名的钢铁公司克虏伯公司的产品，立面用花岗岩细方石砌成。这种石材在青岛随处可见，被公认为城内唯一一种可砌出干净墙面的建筑材料。有关工程细节的史料显示，当时要将某些沉重的方石砌入墙体，须搭建美国松木制成的脚手架，其上设有道轨，供起重装置运行。

总督官署一层楼和四层楼均为窗户较小的辅助性房间，主要

办公室都在二三层朝阳的一面，走廊则放在背阴的北面。办公室宽敞明亮，门窗很大，办公室外还有类似阳台的长廊。

从1906年建成后，该建筑成为德国总督办公地。1914年日本取代德国侵占青岛，总督府成为日本守备军司令部。1922年12月中国政府收回青岛，该建筑又成为胶澳商埠督办公署，1925年7月改为胶澳商埠局办公地，1929年4月成为青岛接收专员公署，同年7月成为青岛特别市政府所在地。1938年1月日本第二次侵占青岛，这里成为青岛特别市公署、青岛特别市政府。1945年抗战胜利后，南京国民政府再次将该建筑作为青岛市政府的所在地。

10.大清国胶海关

一如胶州法院，胶海关也是德占时期最后完成的一批公共建筑之一。这些建筑都是在刚刚启用后不久，就永远成了只供德国人追忆的历史遗迹。尽管在1897~1914年间，法院和海关始终都是德国人最为关心的东西。

海关大楼最初建在栈桥老码头附近。随着港口的北移，1911年，海关移至大港，最终于1914年迁入到那里，落成的四层大楼。资料显示，占地12亩、建筑面积2824平方米的海关大楼是当时青岛现代化程度最高的办公大楼。托尔斯顿·华纳在其所著《德国建筑艺术在中国》中描述说："该砖木结构的建筑有高高的斜屋顶，横向的两处山墙为德国青年风格派手法，主入口开在纵侧面，由造型简单的圆形壁柱承重"。

整个海关大楼是注重功能性的设计典范。建筑外部装饰仅有窗台板的花岗岩条石，黄粉墙，红瓦顶，风格简洁大方。

中国海关的历史可追溯至1860年。海关按欧洲模式组织，属英帝国管辖。港口城市的税务司皆由欧洲官员充任。1898年，整个胶州保护区宣布成为自由港。为了简化海关的征税过程，德国总督同意在青岛设立一处中国海关。

1898年8月15日，奉清廷海关总税务司赫德之命，德国人阿里文由宜昌海关调来青岛筹办设关事宜。阿里文来青后，租借了东海常关青岛钞关码头办公地点的四栋平房作为办公室和宿舍。随即筹集资金，兴工修建海关公署办公楼及海关职工宿舍。1899年7月1日，胶海关正式对外办公，阿里文为首任税务司，管理全关行政务。1901年8月10日，胶海关所建兰山路办公楼和职工宿舍竣工。1901年10月，胶海关设小港分关，在大赵村、流亭集设立陆路缉私分卡及台东镇火车站征税处。

随着胶济铁路的通车和青岛港的建成，胶海关机构日趋扩大，原有的办公楼已不敷用。1912年12月，阿里文呈请总税务司批准，在大港区建海关大楼。1913年12月，设于青岛大港入口处的海关大楼竣工，1914年4月举行了落成和迁址典礼。

11.胶州法院

胶州法院面对开阔的总督府广场，使广场行政区实质上形成包括官署大楼、法院、监狱和总督各主要部门办公楼和官邸组成的行政中心。

两层的胶州法院视觉上明显低于总督官署。建筑面积为3126.53平方米，这一数字也不及官署的一半。建筑内部共有大小房间31处，并有地下室和阁楼。

法院的主入口设于立面的南半边，为一拱形大门。北侧面延续有一大坡面屋顶的两层建筑，与建筑南部构成完整的“E”形平面。一如同期的许多建筑，法院大楼亦为红瓦蒙莎屋顶，黄色拉毛墙面附浅壁柱，蘑菇石勒脚。为适应复杂的城市建设布局，建筑师汉斯·费特考尔用几组建筑体艺术组合成法院大楼。胶州法

院朝向广场的一侧展示出某种纪念意义，朝向广场的主入口在庞大的厅堂建筑体与相对较小的侧翼办公楼轴线的交汇点上。

德帝国海军部，1899年在柏林编制的《1897至1898年备忘录》记载，德国胶州保护区对法事有如下规定："界内所有居民在法律上一律平等，均受德国法律条文、规定的制约""皇家法官由皇帝任命，具有绝对的独立性"。

从时间上看，胶州法院是德国人在青岛完成的最后一批建筑之一，这栋试图建立起一种稳定的法律秩序的建筑在其完成后不久，德国人就连同其法律一起回家了。留下的，仅仅是这栋孤独的、始终朝向东方的大楼。

12. 欧人监狱

这间羁押犯人的监狱应是德国当局在青岛建造的司法建筑物中较早完成的一栋。从史料上看，它建成的时间要早于胶州法院及警察公署和地方法庭。

1900年，德国当局在天后宫东侧建成监狱。监狱建设时，已被命名为威廉皇帝海岸的今太平路一带尚未进入大规模的开发。随着欧人监狱的建成，这里将新城市的行政、住宅区与更东边的别墅区区分开。

资料显示，欧人监狱专门羁押被判刑或违警受拘禁处罚的欧洲籍人犯，由租界帝国法院管理。监狱建成同年，青岛巡捕局对今湖北路29号原指军海滩营房进行改造，用作巡捕局看守所和临时监狱，羁押华籍人犯。随后，在1904~1905年11月间，当局在华人监狱附近建造了警察公署和地方法庭。

欧人监狱是一座规模不大的两层建筑物，砖砌外墙，仅在主体的边角和窗户的顶端赋予简单的装饰，以免得使整个建筑显得过于简陋和沉重。两层楼房之间的外墙上被饰以凸起的装饰线条，环绕整栋建筑。建筑的一端建有与主体相连接的圆形塔楼，使建筑的重心向这一方向倾斜，但这一设计看上去好像是为了打破建筑的对称格局而加上去的，显得有些生硬和比例失调。塔楼有规律地交错分布着若干小型窗洞，内有47级螺旋楼梯，上覆坡度很大的尖顶，顶盖与塔楼上部中间饰有砖砌装饰。

值得提及的是，监狱大楼的设计者也许是为了使建筑与周边的中式天后宫及总兵衙门相协调，少见地在屋顶的飞檐上引入了上翘式闽南民居形式，使大楼平添了一丝温暖的情趣。这种试图与东方文化主动交融的努力，随后就在德国设计师建造的大量城市建筑中消失了，究其原因，一是设计师数量的增加和建筑工程的繁多使设计者无暇寻找这种联系；再者有可能是随着统治的稳定，使德意志精神难以阻挡地成为建筑文化的主流。

监狱建成前，天后宫和总兵衙门是海湾东部最为触目的两个建筑群，但监狱楼的出现，则打破了这一稳定的布局。与楼体相连的塔楼的尖顶锐利地刺向天空，使其成为城区东部的新标志。

五、纪念性建筑

法兰西的骄傲

在古罗马帝国时代，皇帝们为了庆贺军队在战争中取得了辉煌胜利，往往在城市里最显著的位置，建造凯旋门，用来炫耀赫赫战功，这就是凯旋门这种纪念性建筑形式的由来。皇帝率领得胜还朝的军队通过这个“大门”，举行盛大的欢庆仪式。凯旋门的外形一般都是线条朴素的长方体，显得雄伟稳重。中间开有一个或三个券洞，门上刻着形形色色的浮雕，有的券洞旁还立着柱子。

曾经威震欧洲的拿破仑将军，于1799年推翻了法国封建皇帝路易十八，建立起代表大资产阶级利益的军事独裁统治。1804年，拿破仑自称皇帝，拿破仑帝国宣告成立。拿破仑在巴黎建造了许多国家性纪念建筑，用石头象征法兰西帝国的永恒，表彰他和军队的光荣战绩。正巧十八世纪的考古成就打开了欧洲人的眼界，古希腊、古罗马艺术以它们独具的魅力倾倒了欧洲，建筑师云集罗马，建筑创作转向古典艺术，这就是建筑史上的新古典主义，又称古典复兴。十九世纪初拿破仑执政年代，法国的新古典主义建筑是以“帝国风格”的面貌出现的。这些建筑追求宏大壮阔，威武雄健，从构思到形式都与古罗马帝国的建筑同出一辙，因而被称为“帝国风格”。

屹立在巴黎明星广场上的雄狮凯旋门，就是帝国风格的典型建筑。它是为纪念1805年拿破仑军队在奥斯特里茨战役中击溃俄奥联军而修建的，中途因封建波旁王朝复辟而停建，波旁王朝被再次推翻后复工，到1836年全部竣工。

凯旋门由建筑师让·查尔格林设计，仿照罗马康斯坦丁门建造，但规模却比康斯坦丁门大一倍多，是世界上最大的凯旋门。它高49.4米，宽44.8米，厚22.3米，当中券门高达36.6米，宽14.6米，基本上是个巨型的长方墩，立面近乎正方形。它采用古典的构图手法，中间的圆拱门高度正好等于两个拱圆，上部半个圆为圆拱部分，下部直线部分高度则为一个半拱圆。拱的圆心正好位于整座凯旋门正方形的中心。如果你在这个正方形上作两条对角线，那么这个圆心正好与对角线的交点相重合。古典主义建筑构图十分严谨，可以用几何分析来说明它的形式美。专门从事建筑艺术研究的学者发现，以这种比例组成的几何形体，总是给人种雄浑稳固的感觉。

凯旋门的东西两个立面上装饰有四组浮雕，大型浮雕高达五六米，再现了法国军队与欧洲联军作战的壮丽场面，有“马赛曲”“1810年的胜利”“和平”“抵抗”等。其中造型最精美也最有名的是法国著名雕刻家吕特的“马赛曲”组雕。在这幅浮雕里，他塑造了1793年革命时期的英雄群像。他们手持武器，雄赳赳地走向战场，为自由、平等、博爱而战，为法兰西而战。一个带翅膀的女神在人群之上，象征着自由、正义和胜利，她正在号召人们向敌阵冲杀。在下面的人群中，满脸胡子的战士形象最突出，他右手高举，带领着自己的儿子上战场。在队伍的最前面，号手吹响了进军号。每个人物都既有个性，又有统一意志。这个作品的表现力极强，艺术只有表现形式的不同，而没有内在本质的差异，吕特的“马赛曲”浮雕与作曲家李勒的“马赛曲”(法国国歌)有异曲同工之妙。凯旋门的内墙上铭刻着当年拿破仑的题名：“光荣属于伟

大军队的战士凯旋门”，同时铭记了拿破仑时期的96个著名战役，还有386位跟随拿破仑转战南、北的将领的名字。

雄狮凯旋门坐落在绿树成荫的香榭丽舍大道的西端，由于大道呈波浪形，东低西高，越接近凯旋门地势越高，因而凯旋门显得愈发雄伟高大，从很远的地方就可以眺望到它。凯旋门建成后，在它周围开辟了一个圆形的广场，广场周围有12条40~80米宽的大道呈放射状分布，因而广场称为明星广场。1970年，法国著名总统戴高乐将军逝世后，明星广场改称为戴高乐广场。

自从雄狮凯旋门落成之后，就成为举行历史性活动的场所。1840年，拿破仑的遗骨在仪仗队的护送下从门前走过；1885年，为法国大作家雨果送葬的百万队伍在这里留下了足迹；1920年，为纪念在第一次世界大战中阵亡的无名战士在凯旋门下安放了无名英雄墓碑，碑上镌刻着“为祖国牺牲的法兰西战士在此长眠”的铭文，天然气火炬日夜长明，墓前经常有人献上表现法国国旗色标的红、白、蓝三色鲜花。1944年8月26日，为庆祝巴黎从纳粹德国手中获得解放，戴高乐将军和抵抗运动的战士曾在此举行了入城仪式。

今天，为了方便来自世界各地的游人参观游览，法国政府在凯旋门内安装了电梯，门顶上设了一个陈列馆，专门介绍这座凯旋门的历史。当你有幸登门远眺时，你可以看到波光粼粼的塞纳河掩映在绿树丛中；12条林荫大道通向埃菲尔铁塔和现代化的摩天大厦。这些，使凯旋门当之无愧地成为法兰西的骄傲。

永不再战

广岛和平纪念中心是二战后日本规模最大、最具代表意义的作品。它建于广岛市的发祥地，现在广岛市的中心区，一个名叫中岛的地方。追溯历史,1945年8月6日,美国向日本广岛、长崎投掷了两枚原子弹,对日本造成毁灭性的打击,使二战形势完全明朗,法西斯联盟彻底解体。广岛的原子弹爆炸给日本人民造成巨大灾难,当时有20万人被炸死,由于巨大的污染和辐射,导致幸存者又不断死亡。城市中百分之九十以上的建筑物被毁。为了纪念死难者,促进世界和平,1949年5月,日本国会通过了"广岛和平纪念城市建设法",在全国范围内开展广岛和平纪念中心设计竞赛活动,而且将此设计方案引入重建广岛5年计划中实施。日本当代著名建筑师丹下健三的方案以一等奖入选。1955年,根据设计方案,广岛和平纪念中心顺利竣工。

和平纪念中心包括和平会馆、广场、慰灵碑和一座原子弹爆炸后遗留的废墟。这组建筑群融于绿化环境之中。纪念中心的规划布局轴线明晰,体现出纪念性建筑的庄重肃穆。

和平纪念会馆的第一层为支柱层,通过尺度夸大的支柱,把会馆从地面上支撑托起,又可以通过支柱层直接到达广场,使广场空间与整个城市有机地联系在一起。因为有了支柱层,使如此巨大的建筑物,形态上不令人感到笨重,空间上不感到拥挤。透过支柱层,可以看到远处的慰灵碑和河对岸的废墟,层次分明,景物排列深远有序。会馆外有独立的外接梯,可以拾级而上到达第二层的陈列馆。馆内陈列着原子弹爆炸造成的惨象的各种照片、模型和资料。会馆虽然只有两层,但由于它外部不加装饰,暴露出钢筋混凝土模板的痕迹,因而显得粗犷,肃穆。丹下健三成功地借鉴了柯布西埃的设计手法,创造出日本优秀的现代建筑。

东侧的另一个陈列馆是集会场所,包括会议、讲演、音乐厅及电影放映等厅室,采用了较为轻快的造型,颇具神采。和平广场可容纳5万人聚会,广场中心的慰灵碑为马鞍形的拱圈,下面放着石棺,取材于日本古墓中随葬品的造型。慰灵碑覆盖着石棺,可

以遮风避雨。通过拱圈可以看到远处的废墟。这一组建筑的空间序列,以开放式的支柱层为开始,通过和平广场及慰灵碑下的石棺,最后以废墟作为结束。气氛沉重,感情深沉,引起每一个参观者向往和平,厌恶战争的感情共鸣。

广岛和平纪念中心是日本五十年代具有代表意义的作品,其风格和手法在相当长的一个时期,影响着日本现代建筑的创作与发展。

横跨蓝天的钢虹

在美国密苏里州圣路易市城郊,“杰斐逊纪念馆”前的草坪上,有一道银光闪闪、横跨蓝天的长虹,这就是著名的圣路易斯钢虹——杰斐逊纪念碑。这座晶莹的长虹高210米,两脚相距210米,建在18.7米高的三角形基础上,总重16678吨。它是由900吨不锈钢材料组成外壳,由2200吨结实的炭钢材料组成内壳,142块尺度不同的双层三角形预制构件连接组成一个中空的整体。从地面望去,钢虹似乎静止不动,但实际上,即使是风和日丽的天气,由于高空气流的影响,拱门顶部也在轻轻摇动。但是,它绝不会发生倒塌,因为钢虹的基础有一半深入岩石层并且浇灌了混凝土,钢虹的下半部夹层中也灌满了混凝土,因而相当牢固。圣路易斯钢虹中空的三棱柱内原来两边各有一列转轮式列车,一次可容纳40人,现在安装了电梯,可将游人送达能同时容纳200人的钢虹顶部。透过顶部的32扇窗户,圣路易斯城的景象尽收眼底,密西西比河闪着波光从脚下缓缓流过。钢虹两脚间的地面部分,是一片绿茵茵的草坪,草坪上矗立着面积约5000平方米的“杰斐逊领土扩张纪念馆”。

为什么要修筑这座钢虹呢？美国建国初期，领土只限于大西洋沿岸的十三个州，西部边界为密西西比河，领土面积为89万平方公里。美国第三届总统杰斐逊利用拿破仑战败的困难时期，于1803年仅花了1500万美元，就购买了原来属于法国领土的整个路易斯安娜地区。它东起密西西比河，西至落基山脉，南到墨西哥，北接加拿大，相当于当时美国领土的一倍。其后，美国一些总统又以各种手段从墨西哥、英国、俄国手中弄到更多的领土，从而构成美国今日的版图。

美国开发西部时，远征和西迁的队伍就是由以法皇路易斯九世命名的圣路易斯城为出发地的。1935年，富兰克林，罗斯福总统为了纪念开发西部的这段伟大历史，决定在圣路易斯市修建纪念物，并于1947年征集设计方案。结果，著名美籍芬兰建筑师沙里宁在200多个应征方案中独占鳌头，顺利入选，并于1962年正式动工兴建，历时四年全部完工。今天，圣路易斯长虹不但是纪念美国开发西部的里程碑，而且成为圣路易斯市的标志。人们在怀念杰斐逊总统的功绩的同时，也惊叹这一建筑史上的奇迹。

六、交通设施

莫斯科"地下宫殿"

苏联莫斯科地下铁道以设备先进、运行迅速、管理完善著称于世,其客运量一向居世界之首。有着如此众多优点的地下铁道,它的建筑又是怎样的呢?

苏联莫斯科地下铁道曾经荣膺过列宁勋章。自从1935年5月竣工以来,地下铁道已由初期的11.5公里长的第一期工程路线,发展到总长近200公里的7条辐射线和一条环行线的规模。目前地下铁道共有114个车站。每一个车站建筑,都按车站的名称、位置及各自的特点,赋予不同的主题和不同的外形。比如,"革命广场站"的大批塑像生动地表现出苏联国家十月革命以来的战斗历程;"斯维尔德洛夫广场站"处在首都最大的剧院区,因此站内的装饰表现了多民族的苏联艺术的繁荣发展;"迪纳摩站"靠近迪纳摩体育场,所以它的装饰便以各种体育运动为主题。之所以这样做的目的是通过地铁建筑中的雕塑、壁画等装饰,反映出苏联人民的革命成绩和创造性劳动的主题,从而进行革命主义和爱国主义的教育。

在地下铁道建筑结构上,也采取了多种多样的设计,呈现出百花齐放的特点。有的地方采用落地的塔顶形式,而有的则采用连续的穹顶,有的还采用两排轻巧的钢柱,对车站和前厅采取覆面装潢。在建筑材料的使用上也不仅仅局限于一种材料,为满足高度审美需求的原则,设计者主要选用一些耐久性、耐潮性和易清洗的材料,使用最多的是各种大理石,同时广泛选用了花岗石、青铜、陶瓷和彩釉的板片,很多车站还用黄金作饰,点缀着雕像、浮雕和嵌石画。车站里有着先进的通风设备和完美的照明系统,使乘客在地下有如在露天一样舒畅自如。

莫斯科地下铁道的地上、地下建筑,以其形式多样的结构,丰富多彩的装饰材料,赏心悦目的设计而闻名于世,享有莫斯科"地下宫殿"的美称。

登飞机的机器

法国戴高乐机场位于巴黎市的东北郊区,距市中心24公里,占地面积近3000公顷,高峰时飞机起降每小时150架次,全年客流量为5000万人次,是法国目前最大的民用机场,也是世界上最大的民用机场之一。

机场建于1974年,由总建筑师安德鲁主持设计。它由客运区、货运区、技术区等部分组成。整个机场有两座候机楼,一号候机楼供国际航线使用,主楼是圆形建筑,并且有七个梯形的卫星厅共同组成;二号候机楼主要供国内航线使用,由对置的八个扇面形平面的候机厅组成。

一号候机楼中心的圆形主楼共分11层。第一层为出港层,出港旅客乘汽车到达这里,办理手续,交运行李,这里设置着环形柜台,可以同时容纳120名旅客办理登机手续。汽车再向上开,进入

第五层至第八层，这四层为停车场，可容纳4000辆汽车，螺旋形的汽车坡道围绕着中心天井布置，外侧则是敞开的。乘私人汽车的旅客乘电梯下来，乘出租车的旅客经自动廊道，到达第二层。这一层为转运层，旅客根据航班指示板认定自己的飞机卫星厅的号码，再通过170米长的地下自动步道直抵飞机登机厅，准备离港。第三层为进港层，到港旅客经地下自动步道到达转运层，再经自动廊道到达进港层，认领行李，经过海关检查，直接可去环外停车场登车进城。第三层设有“迎客点”以备迎接亲友。第九层设有参观眺望台。卫星厅设有41座可伸缩的登机桥，方便旅客登机。主楼的地下有两层，地下一层有为旅客服务的餐厅、酒吧、商店、邮局等，地下二层为进出港行李分检处，并用垂直运输机与第二、三层联系，用地下自动控制车与卫星厅以集装箱的方式联系。一号候机楼运输量很大，它如同人的心脏，进进出出的人流看上去眼花缭乱，但却因循着各自的线路流动着。为了能迅速地吞吐大量的车流与人流，设计时把车道和停车场围绕着建筑物布置，停车场就直接设在候机楼的顶部，因而有人称它是一个“登飞机的机器”。

一号候机楼虽然是高度集中的构造，但是由于机位处于卫星厅周围；旅客必须经过一个漫长的地下自动步道，特别是转港旅客，流线过长。二号候机楼则不同，属前列式机坪，机位紧靠候机室，流线距离大大缩短。二号候机楼采用分散的单元式设计原则，因此呈带状的对置式布局。二号候机楼采用预制组合顶盖结构加快了机场建设速度，并使候机楼外表形成了一组像花边一样的形状。

戴高乐机场有4条3600米长、45米宽的飞机跑道，供车辆使用的两个道路网，供80架飞机滞留的停机坪，年运输量为200万吨、面积为300公顷的货运区，20万平方米的机库作为维修区，此外还有5000平方米的世界上最大的空中厨房,一个近80米高的航空塔台被安置在整个航空港的几何中心。

在装修方面,建筑的钢筋混凝土外墙不加粉刷,许多构件是黑色、白色或各种深浅不同的混凝土灰白色,看上去和谐统一,朴实无华。

凌空欲飞的大鸟

美国纽约的肯尼迪机场是世界上最著名的机场之一,占地约2000公顷。世界上许多大型航空公司在机场内都建有自己的候机大楼,而且建得各具特色。东方航空公司候机楼宛如水晶宫,泛美航空公司候机楼形似伞盖,联合航空公司候机楼是廊道式的,等等。其中,最负盛名的是1960年建成的美国环球航空公司候机楼。

环球航空公司候机楼是由美国著名建筑师沙里宁设计的,他的用意是把候机楼设计成一只飞鸟的形状,来象征机场。候机楼由四组钢筋混凝土薄壳组成,沙里宁在这项设计中充分运用了壳体"弯曲"的特性,避免了任何生硬的线角。玻璃采光带清晰可辨,将四组薄壳分开,宛若大鹏展翅,飞鸟凌空,十分生动形象地显示出机场的功能。双向曲面薄壳,无拘无束,从曲面边缘"长出来"的肋朝着支座方向渐宽,以适应增长的负荷,同时又起着增强壳体抵制变形的作用,并勾勒出巨大而紧凑的形体。有建筑师赞叹说:"每个曲面和每个细部都暗示出方向和秩序的整体感,协调而又具有创造性。"

这幢候机楼左右各有一条通道与卫星厅相连。大厅从上到下都是大面积的玻璃窗,廊道两侧也全部是透明的玻璃,旅客从

大厅或廊道向外望,停车坪上的景象可以一览无余。

纽约环球航空公司候机楼以其形象的设计,别致的造型而在世界各地机场建筑中独领风骚。

伊斯兰世界的大门

阿拉伯世界的造型艺术如何同现代化的建筑艺术完美结合,伊斯兰国家穆斯林的礼拜活动如何同信息时代现代化的高速交通活动相协调,沙特阿拉伯利雅得国际机场作了准确的回答。它没有像纽约肯尼迪国际航空港候机楼那样采用“飞鸟”式的象征性处理,也没有像科威特国际航空港候机楼那样采用“飞机”式的象征性处理。它同样是大空间,同样是现代化,但似乎只有它才隐含着深层次的文化渊源。

利雅得国际机场位于沙特首都以北22英里处,1983年11月建成开放,被称为世界上最美丽的机场。机场占地7万英亩,造价32亿美元,年旅客量达到1500万人次。目前已建成5个候机楼,其中包括两个国际候机楼,两个国内候机楼,一个仅供沙特皇族和重要国宾专用的皇家候机楼。还有一个清真寺,一个控制塔、一个停车场。为机场服务的其他设施都安排在机场的范围以外。规划方案为机场的发展扩建留下了余地。

候机楼的平面呈三角形,三角形的一边是旅客出入口,另外两边连接停车坪。这种形式使旅客上下飞机的步行距离大大缩短。在大多数机场中,离港层设在上层,到港层设在下层,从使用功能看,一般只考虑离港的旅客。到港的旅客出机门、通过封闭的甬遭、下了扶梯、通过行李间和关税检查后,立刻离开机场。但是,到达利雅得国际机场的旅客,在下了楼梯后,却发现自己进入了一个巨大的两层楼高的大厅,其中有树木花卉围绕着一个喷水池,这使到达的旅客对这个国家首都的大门倍感亲切。

供国际、国内旅客使用的4个候机楼的屋顶各由72个8.5英尺高的三角形球壳组成,球壳边长80英尺,三角形的三个顶点均由柱子支撑。球壳的垂直关系是由边上向中心部分层升起,成了建筑造型的决定性因素,也使楼内的自然采光合理而美观。这4个候机楼的面积都是527778平方英尺。皇家候机楼面积稍小,为316667平方英尺。它的屋顶只有33个三角形球壳,球壳边长73英尺。它的院子能区分各国国宾,贵宾下了飞机来到由各种设施围绕的欢迎大厅,其中布置有餐厅、国王私人休息室和新闻中心等。贵宾眷属、随送人员以及行李等则由出入口处的自动扶梯直接送到下层,那里有专门为之服务的各种设施。

普通候机楼是由轻质混凝土饰面,皇家候机楼较豪华,内外大约用了12种不同的大理石饰面,且中间的六片球壳向中间升起,省去了正中的柱子,形成了一个144英尺宽的巨大而豪华的礼仪空间。水和喷泉在伊斯兰建筑中占有重要地位,但是沙特阿拉伯人在现代建筑中已很少使用水池和喷泉,因为风沙一吹,水体很难维护好。其次,在如此大面积的机场内,要显示出水体的美,就必须安排大水池、大喷泉。所以,在设计中很少使用水池和喷泉,只在皇家候机楼外面做了一个,在4个普通候机楼的大厅中各做了一个。

一座六边形的清真寺成了机场的中心和焦点。道路、广场和树木把清真寺和5个候机楼联系在一起。清真寺总面积6万平方英尺,每边长170英尺,可容纳5000人。通过一个宽阔的礼仪性楼梯朝着伊斯兰教发源地麦加的方向。大厅内的圆形混凝土圈梁上用马赛克镶嵌着取自穆斯林圣典(古兰经)的内容,高133英尺跨度110英尺的大穹顶由六根包钢混凝土柱支撑,穹顶的内表

面镶嵌着两种色调近似的青铜片。7英尺高的采光带把穹顶托起，显得壮观而又空灵。清真寺的下边是停车场，可停车11000辆。一条宽41英尺，长1600英尺的礼仪步道将清真寺与皇家候机楼联系起来，两边整齐排列的各国国旗杆，增加了国际机场那种庄严和肃穆的气氛。

在机场中建一个大清真寺这种做法是没有先例的，但它的存在使这个机场无可争辩地具有了伊斯兰的特征。在交代任务时，沙特国王希望这个机场“是伊斯兰的”。这是一个巨大的挑战，承接任务的美国HOK建筑事务所对此感到很为难。安排这样一个清真寺，是应付挑战的出路之一，同时，30~60度角是传统的穆斯林装饰图案的构图因素，正好与六边形的清真寺相吻合，可以利用这个模式去设计平面、细部和装饰图案。机场内出现清真寺是绝无先例的，这样的设计极富戏剧性，从而使机场具有了穆斯林的特色。

建筑评论家认为，利雅得国际机场拥有全世界最漂亮的形式和最精致的现代空间，并且建筑装饰和建筑空间的有机糅合已达到了无比完美的地步。它最终符合了沙特皇室和安全航空部的要求——利雅得国际机场是世界上最好的机场。

七、学校建筑

头号现代建筑

鲍豪斯学院位于德国的德骚市。它是1925年由魏玛市迁到这里建造的新校舍。这是一所工艺美术学院，用新的教育方法培养家具、陶瓷、纺织、建筑等方面的设计人才。学院建成于1926年底，占地面积2630万平方米，建筑面积10000平方米，大致分为三部分：教学楼、学生宿舍、实习工厂。第一部分是四层高的教学楼，用水泥和钢筋制成梁柱和楼板来支撑整个建筑物的重量。被称之为“钢筋混凝土框架结构”。这一部分沿着主要街道布置。第二部分是学生宿舍，包括有宿舍、礼堂、食堂、厨房和锅炉房等。学生宿舍被安置在一个六层高的小楼房里，位于教学楼后面。宿舍和教学楼之间是单层的礼堂、食堂和厨房。第三部分是实习工厂，即附属于学院中的一所职业学校。它是个四层楼房，与教学楼相距20多米，中间隔着一条道路，两楼之间用过街桥连在一起，过街楼里面是办公室和教师用房。第二、三部分都是采用砖墙承受重量的砖石结构。整个学院的建筑平面仿佛是一架风车。

鲍豪斯学院建成之后引起了广泛的注意和争论，它受到革新派的拥护，也受到保守派的攻击。因为这所建筑在当时是一种前

无古人的探索，回答了建筑如何同迅速发展的科学技术相适应，如何满足社会生活对建筑提出的越来越复杂的使用要求，如何创造出新的建筑风格等一系列实际问题。

鲍豪斯学院不同于古典建筑，它的设计特点有以下三点：

首先，过去古典式建筑的设计主要依据建筑的外观体型，也就是说，设计师先设想好建筑的外观体型，然后把各种房间放到这个建筑体型里去。但鲍豪斯学院一反常规，它以建筑各部分的使用要求作为设计的出发点，根据教室、车间、办公室、礼堂、食堂和学生宿舍等各不相同的功能来决定它们的结构、形式、朝向和门窗面积。举例来说，教学用车间需要宽敞的空间和充足的光线，于是设计成钢筋混凝土框架结构，将它放置在沿街突出的位置上，并在墙面上大面积地使用玻璃窗；对学生宿舍则考虑生活上的需要，设计成每个房间都有阳台和窗子的小楼，安排在教学楼的后面，靠近运动场；食堂和礼堂被放在宿舍和教学楼之间，这样既离教学楼不远，又与宿舍接近，十分方便；建筑的主要入口和楼梯都安排在人流最集中的位置，即教学楼、礼堂和办公区的交叉点上。如此设计满足了建筑各部位的功能要求，使各部位的内外联系变得顺畅合理。

其次，古典建筑讲究对称，尤其是像学校这类建筑总是规规矩矩地左右对称分布的。鲍豪斯学院的正立面具有非对称性，它的每个部分大小、高低、形状和方向各不相同，并且各部分都有高和低的对比、长和短的对比、纵向和横向的对比、轻巧单薄的玻璃和沉重厚实的砖墙的对比等，如此丰富的变化使整个建筑既保持了学校的特色，又具有了生动活泼的形象。

最后，古典建筑讲究精雕细刻，往往依靠雕刻、柱廊和装饰性的花纹线条形成建筑美。鲍豪斯学院依靠建筑本身各种部件的组合、材料本身的色彩和质地来取得装饰效果。比如，大片的窗格、雨罩、挑阳台；不同颜色和质地感的栏杆和墙面。室内同样依靠楼梯、灯具等本身的形状取得清新的装饰效果。如果采用古典式的内部处理，窗格呈不同花样，玻璃是五彩斑斓的，墙壁上凹凸不平以显示花纹，那么学院的造价需要大幅度提高不说，也与从实用出发的整体设计构思背道而驰了。鲍豪斯学院抛弃了古典式建筑装饰的传统习惯，以其朴素而生动的建筑造型形成清新活泼、富于变化的构图效果。

正是以上三大特点造就了鲍豪斯学院在世界建筑史上不可动摇的地位。这座建筑的设计者是德国著名的建筑师格罗皮乌斯。他所处的时代正值一战结束，欧洲各国忙于在战争的废墟上重建家园，但是古典建筑形式费时费力，对于国民经济处于恢复阶段的各国来说不太现实。格罗皮乌斯以敏锐的眼光，大胆革新，提出了比较系统彻底的建筑改革理论。他将建筑的实用和经济作为最重要的因素列为设计的原则之中，以建筑物的功能需要作为出发点，力求使建筑的形式、材料、结构与功能需要协调起来，这种理论被称为“功能主义”。

鲍豪斯学院以很低的造价周到地解决了比较复杂的使用要求，同时创造了一种全新的建筑形象。它是“功能主义”的代表作，后来成为现代建筑的楷模，同时也确立了格罗皮乌斯作为现代建筑创始人的地位。

红色游龙

美国著名的麻省理工学院有一幢自由弯曲、形似游龙的建筑，它就是麻省理工学院学生宿舍，亦称贝克大楼。

贝克大楼落成于1948年。建筑的正面是平滑整齐的水平面，

背面则采用粗犷的折线轮廓，为一波三折的曲线形，与正面形成了强烈对比。整个建筑共七层，一律采用红色的清水砖墙，外观相互大方，平易近人。之所以把平面设计成波浪形，一是因为建筑过长，有100多米；二是体量庞大；三是用地有限。波浪造型既解决了建筑和用地的矛盾，又密切结合了环境；并充分满足了使用者的需要，使大多数学生都能看到波士顿查尔斯河迷人的景色。

贝克大楼的绝大部分宿舍被安排在可以看到查尔斯河的一侧，另一侧是供学生用的公共活动室和楼梯、电梯间。

麻省理工学院学生宿舍是由芬兰科学院院士、荣获英国皇家建筑师协会金质奖章的芬兰建筑师阿尔瓦·阿尔托设计的。这幢大楼落成后，获得了各国人士的好评。

富有韵律的塔楼

美国费城宾夕法尼亚大学医学实验楼，于1957年开始设计，1961年建成。这座建筑是由称为费城党派精神领袖的路易斯·康设计的。当时他在宾夕法尼亚大学执教，同时接受了这一设计任务。医学实验楼落成后，成为当时最有影响的作品之一，也为路易斯·康赢得了良好的国际声誉。

这个设计的特点，是把实验和工作等使用的面积，以及服务性的面积，分成“主空间”和“辅空间”两部分，分设在不同的塔楼里。康的这个灵感来自和实验室医生的一次谈话。在接受任务之初，康想让医生告诉他，他们需要些什么样的空间，以及这些空间的关系。医生感到为难，就诙谐地说：“就数学定义来说，空间在任何地方都有中心，却在任何地方都没有边界。”康不禁大笑，说技术人员爱给每样东西下定义,就是说不出医学实验室应该是什么样。医生说:“这不对,我至少可以用一般术语对我们的问题下个定义。在我们这种情况下,中心是已知的,那就是研究人员,而界限则要根据实验过程所需要的容积来决定。”康若有所悟地说:“真妙,所以我们应该把空间简单地划分为研究者部分和服务部分。妙,妙极了!”从此,实验楼的方案就逐渐酝酿诞生。

实验楼的主空间由若干方形塔楼组成,相互用廊道连接。各方塔旁附有通风道和楼梯,便于疏散。辅空间也由塔楼组成,楼内有动物室、贮藏室、电梯及公共楼梯等。它的外侧有四个风道,把新鲜空气引到顶层的机房。辅助塔楼和主空间塔楼也用廊道连接。

几个主塔楼均高八层,辅助塔楼高出两层。加上地形起伏,看上去错落有致。在结构上,辅助塔楼是预应力现浇混凝土,其余都是预制装配结构。它的承重结构是框架,横梁用空腹大梁,众多的实验用管道可以从中穿过,而不需要吊装屋顶。这一在当时的美国颇为先进的结构和施工方法,吸引了不少人到工地参观。当时沙里宁正在为宾夕法尼亚大学设计女生宿舍,也常到工地来,有一次,他开玩笑地问康:“你认为这栋房子是建筑上的成功,还是结构上的成功?”康回答说:“它的构件和形状,合乎逻辑地关联着建筑上的需要,以致建筑和结构密不可分。”

实验楼表现了混凝土和砖的组合。砖为灰红色,与校园里的其他建筑相协调。当然,最让人感兴趣的,还是那富有表现力的塔楼本身。一簇簇竖塔的组合,高低起伏,在天空上勾画出富有韵律的轮廓。楼梯间和风道凸出的长条墙面,不加一点装饰,直挺挺地插向青天。紧靠在边上的实验室却是通透的大玻璃,精细的分格和窗框,虚实对比十分强烈。实验楼的这一形象,在康勾画的最初几张草图里就已经表现出来了。

国立青岛大学宿舍

被认为是国立青岛大学宿舍的这一建筑所在的福山路的历史,显然要早于国立青岛大学。在这所后来演变成了国立山东大学的青岛第一所由中国人设立的大学出现之前,这里就已是被纳入了规划中政府官邸的集中建造区域,虽然道路并不规整,人气倒是有了。但是,恰恰是因为国立青岛大学的创办和一大批受聘于青岛大学的外地教员的来临,才使得这一条僻静的街道和破旧的建筑,在历史的记忆中一下子变得光彩和温暖了许多。

从有限的资料来看,当时国立青岛大学的教工宿舍大部分应该不是学校自己建造的,而是政府当局从接收的旧政权的官方资产中分配的。福山路的这一建筑,情形也大致如此。但是,我们却不知道在成为国立青岛大学宿舍之前,这里曾经有过一些什么样的过客。田园般诗意化的光阴仿佛把很多记忆都遗忘了,连同它的开端。

国立青岛大学的这个普通教工宿舍的对面,就是福山路1号的洪深住所。1934年洪深任山东大学外文系主任。在这里,这位戏剧家以自己家庭在青岛的戏剧性的变迁经历,创作了电影《劫后桃花》。在洪深的邻居中,有住在福山路3号另外一座宿舍楼里的中文系讲师沈从文。但是,洪深和沈从文,却从来没有在这里碰过面。

据说,当年巴金应沈从文之邀来青岛,沈从文曾把福山路自己的居室让给了巴金住,自己则住到了学校里边。后来巴金曾回忆说:沈从文把他那间房子让给我,我可以安静地写文章、写信,也可以无拘无束地在樱花林中散步,我们有话便谈,无话便沉默。

同期在福山路上住过的还有女作家苏雪林。

总督府学校

史料显示,德占时期的教育事宜均由总督府管理,设学务委员会。该委员会由一名政府指定人员、总督府学校校长和8名德国公民团体选举的代表组成,其主要职责是管理招收德国人子弟的总督学校。柏林版《胶州地区发展备忘录(1898-1909)》记载,办这所学校的目的"特别是出于促进德意志精神和东亚的德意志教育事业"这样一种长远的考虑。

有一种普遍的说法是,1900年冬天始建的总督府学校校舍建筑格局体现了传统的中国式建房规划。其实,从东北部的俾斯麦兵营直到城中心的总督官署,由于地形的限制,大部分建筑也只能选择这种格局。政府总建筑师贝尔纳茨设计的学校好似一栋主楼和两栋平房的对称组合,大门设在中央,内凹的中段建筑体高于两侧配楼。主楼南立面呈开放式,其底层以数根直立石柱构成拱门,顶层是配有中式雕饰的木质阳台。楼房的所有墙面均涂以粗灰泥,东西两侧墙开有一窗孔。

在《德国胶州官报》周刊上登载的一篇文章曾对1901年秋天建成的校舍作有如下描写:"楼房的设计充分考虑到当地的气候条件。……通向礼堂的前厅配有粗石立柱,两座突向前方的配楼簇拥左右,给这一建筑带来了一种特别的魅力。"这份文献同时证实,该校舍包括四间面积为60平方米,空间达250立方米的教室,符合普鲁上文化部队城区中等学校做出的容纳40名中学生的教室规定。胶州官报的文章还指出,教师的公用房间设在二层。

学校1898年由青岛的德国公民团体为其子女捐资创办。初设时在俾斯麦路(今江苏路)一带借用中国民房。1902年由德总督府接管,提供经费,并改称总督府学校。到1907年止,该校一直

用作德籍男学生的教学场所。女学生则在圣心修道院读书。1907年，学校又在前面近海处建了一座更大规模的教学楼，供男女学生共同授课。

1914年日本侵占青岛后总督府学校停办。1924年春胶澳督办公署在总督府学校址设办胶澳商埠公立女子两级小学，1930年更名为市立江苏路小学。

八、古都建筑

南京建筑

南京历史悠久，是我国著名的古都和历史文化名城之一，在近代史上占有重要地位。自古以来，南京曾沿用过许多名称，而南京一名则始见于1368年（明洪武元年）。229年，三国时的吴国曾最早在此建都，称建业。317年以后，东晋和南朝的宋、齐、梁、陈都先后在此建都，称建康。937年，南唐在此建都，称江宁府。1368年明太祖朱元璋定都南京，大兴土木，奠定了南京现在市区的规模。此后，"太平天国"和"中华民国"也都曾以南京为首都。由于南京位于长江下游，周围山环水抱，故素有"龙盘虎踞"之称。

1927年国民党政府在南京建都，1928年2月1日成立国都设计技术专员办事处，特聘美国人茂菲和古力治为顾问，并于1929年12月制定了一个"国民政府《首都计划》"。计划所涉及的范围很广，主要有入口预测、城市功能分区、交通规划、市政工程以及实施管理的各种条例。每个专项的分析都是以欧美，特别是以美国的现状作为参照的标准。例如："中央政治区"面积的确定以美国华盛顿政治区为标准作一预测。在"中央政治区"形式上同样也不同程度受到外来文化的影响。下面就"国民政府《首都计

划》”的各项内容作一简要分析。

1. 城市分区与建设

在“国民政府《首都计划》”中很重要的一项内容是进行城市分区的规划。规划将南京总共分为六大区：“中央政治区”、市行政区、工业区、商业区、文教区、住宅区。

“中央政治区”考虑在紫金山南麓之山谷间，北峻而南广，认为“有顺序开展之观，形胜天然，具神圣尊严之象”。

市行政区认为须符合下列四项原则：第一，须有足够面积供其将来之发展。第二，须交通便利，易与市民联系。第三，为保持尊严与引起市民注意，须地势较高。第四，按市行政机关之性质进行规划。故考虑以大钟亭、傅厚岗一带地点为宜。

工业区根据所拟之分区条例及图案，一部分在浦口区，一部分在长江南岸。其在江南方面的，除下关外，另将下关以南由夹江至城墙一带土地划入。该地低而平，多已筑有堤坝，以防水患，交通非常方便。水运有夹江、秦淮河可通，陆运则可与现有各铁路相接。在江北方面的，浦口车站之南部及北部各地，均须预留为笨重工业地点，其含有毒质或危险性质之工厂，及不宜于在下关与南京城内经营之工业，皆得在浦口发展。

商业区根据集中与分散并行的原则，拟在明故宫一带发展为南京商业之中心，而中山北路、新街口、太平路、健康路等已形成之商业区仍然保留。

文教区包括文化区与教育区两部分。文化区考虑分布在五台山一带；教育区中之大学部分，则只能将已形成之中央大学、金陵大学、金陵女大等作为永久性之基地，然中小学占地少，数目多，且须与住宅区接近；故须分散设立，没有划入专门教育区的必要。

住宅区比较分散,计划新建房屋均位于比较开阔的地方与市区周围地带,便于统一建造与便于使用。主要新住宅区计划有三:一为玄武湖以西,中山北路以东地段;二为中山北路西南之一片丘陵地段;三为明故宫以南地段。

以上分区虽然都曾有过详细规划设计,但真正按照规划设计发展的却只有部分住宅区、少数工厂区、及已建成的教育区。至于“中央政治区”、市行政区、商业区、文教区的理想完全没有实现。

就建成的山西路、颐和路一带的高级住宅区而言,这里是模范住宅区,全部是独立的花园洋房,每户设有门房、汽车间。据统计,这个地区共有1700户官僚及资产阶级的住宅,建筑面积达69万 m^2,平均每户 $400m^2$,建筑密度在20%以下,宅园绿化面积达64.8%。包括汪精卫、周至柔、阎锡山、马歇尔、刘峙等人的住宅都在里面。而贫民区住宅则分散在下关、城南、汉中门等地,一般都是肮脏、低湿、简陋不堪的棚户区。它同山西路、颐和路一带建造的上层住宅产生明显对比。

2. 建筑形式问题

南京在规划设计与建设时所必然遇到的问题之一,就是建筑形式的选择。当时经过研究结果,认为要以采用“中国固有的建筑形式”为最适宜。官署及公共建筑物,尤当尽量采用。这一设计思想曾对当时的官方建筑产生了深远的影响。至于采用此项形式的最大理由,大致如下:

其一,所以发扬光大本国固有之文化。

其二,颜色之配用最为悦目。

其三,光线空气最为充足。

其四,具有伸缩作用利于分期建造。

另外，对于采用此项形式中的一些缺点也进行了说明，认为形式之宏伟与结合使用可以具体由设计解决，认为屋顶空间之浪费及屋层高度之浪费可以设置贮藏室、机器房，并可以防热和增加伟大气魄。

至于当时规划、建设采用的所谓“中国固有建筑形式”的特点是并非尽将旧法一概移用，乃是采用其中最优之点，而一一加以改良。外国建筑物之优点，也多宜参入。大致以中国式为主，而以外国式副之。中国式多用于外部，外国式多用于内部。

当时除了对建筑形式总的方面有了规定，对于各种不同类型建筑形式的设计也作了具体的规定。下面摘录《首都计划》第35页的一段文字便可以充分说明。

“政治商业住宅各区之房屋，其性质不同，其建筑法亦自不一律。以大体言，政治区之建筑物，宜尽量采用中国固有之形式，凡古代宫殿之优点，务当一一施用。此项建筑，其主要之目的，以崇闳壮丽为重，故在可能范围以内，当具伟大之规模。至于商店之建筑，因需用上之必要，不妨采用外国形式，惟其外部仍须具有中国之点缀。一方借此点缀，使人注意，实又足为广告之资，一举两得，为法之善，盖莫逾此，故凡外墙之周围，皆应加以中国亭阁屋檐之装饰物。而嵌线花棚架等式，亦当采用，不过屋顶宜用平面，备作天台。此种办法，盖所以使其适于商业之用，又使置身中国城市者，不致与置身外国城市无殊也。其在住宅方面，中国之建筑，最为幽静，盖其室中辟有庭院，与街外远相距离，此其最佳之点，故应保留。中国花园之布置，亦复适宜，自应采用，惟关于此项建筑之款式，无须择取宫殿之形状，只于现有优良住宅式样，再加改良可耳。”

分析以上有关建筑形式的论述后，我们可以得出下列几点结论：

第一，当时建筑形式是受总的建筑思潮与文化思潮的影响，是一种改良主义的倾向，原则为“中学为体，西学为用”。

第二，采用“中国固有的建筑形式”口号的提出，是与当时人民的爱国主义思想情绪分不开的，同时，这种意识也就被统治阶级利用来为其半封建的统治服务。

第三，所谓具有“中国固有的建筑形式”多采用中国古代的宫殿式（很少一部分是有创造性的设计），这是与业主要求及建筑师的保守思想分不开的。

3.道路系统

“国民政府《首都计划》”对道路系统也制定了系统的规划。计划规定拓宽部分原有道路，部分地区采用方格网及对角线的道路系统。其中唯一实现的较大工程，是由厂关江边码头至挹江门、鼓楼、新街口至中山陵的中山北路、中山中路、中山东路，另一条是由鼓楼通至和平门的中央路。中山路主要是为当时迎接孙中山的灵柩而开设的。这两条大路同原有的中华路、御道街组成了今天南京城市的基本道路骨架。

根据“国民政府《首都计划》”的规定，新规划中所拟的道路种有五类：干道、次要道路、环城大道、林荫大道及内街。干道之标准宽度为28米，次要道路分区而定，零售商业区道路宽度为22米，新住宅区之道路宽度为18米与6米两种。旧住宅区道路及内街宽度定为12米，后巷宽度定为6米。林荫大道宽度定为36米。但真正按照规划实现的却很少。

总之，旧南京的城市建设并没有如《首都计划》所宣传的那样实现，因为分区的新计划完全舍弃了原有城市基础而重新建设，一方面需要巨大经济力量方能实现，另一方面统治阶级本身不可能按计划执行，因为许多官僚和资产阶级的房地产大都在已建成

的街道两旁,希望新的建设能在这些地段发展,随之可以提高地产价格,由于上述种种社会与经济原因,各项规划很难完全实现。

但是“国民政府《首都计划》”在当时的拟定仍是一种开创性的设想,它是近代中国较早的一次系统的城市规划工作,自那以后在南京出现宽阔的林荫路与街道两旁形形色色的近代建筑,奠定了南京城市建筑形态的基础,使它成为30年代我国在旧城改建中最有代表性的城市之一。

南京在近代史上曾是国民党政府统治的中心,南京的近代建筑不仅反映了当时社会的特点,而且也记载了南京历史的曲折变迁。在众多的近代城市中,由于南京的城市性质特殊,决定了它和一些租界城市不同,它不像上海、天津、青岛、大连等城市,西式建筑遍布全城,南京的城市建筑则是中西兼容,力图寻求适合于中国民族文化的现代建筑。在南京,既可以看到中国宫殿式与传统建筑形式的继续发展,也出现了对创造新民族形式建筑的探讨;既可以看到西方古典建筑形式与殖民时期风格的移植,也涌现了一批中国杰出的建筑师在致力于发展西方现代建筑风格。所有这些历史的遗迹,都充分反映了南京近代建筑在历史发展过程中所起的积极作用。尤其是二十世纪二三十年代,南京的近代建筑在提倡“固有形式”的思想指导下,对中国传统建筑的继承与革新曾作过大胆的尝试,无疑对后来产生了一定的影响。南京近代建筑在类型方面也可谓一应俱全,大型行政建筑、大型纪念性建筑、文教建筑、天主教与基督教建筑、公共建筑、里弄建筑、新式住宅、使馆建筑、近代工业建筑等都在中国近代建筑史上占有重要位置。此外,从建筑师的创作活动上看,这一时期几乎集中了当时中西建筑师的全部智慧,他们的设计经验与手法至今仍常被许多建筑师所借鉴。

在南京,较早从事建筑活动的外国建筑师主要有美国建筑师珀金斯与汉密尔顿、司马、茂菲、古力治以及英国的公和洋行建筑师和帕斯卡尔等，在20世纪20年代以后，一批中国建筑师开始走上了各种建筑类型的建筑设计舞台，从而打破了外国建筑师的垄断地位，同时也使千余年全靠经验的建造方法逐渐走上科学设计的道路，他们对近代南京的城市建设事业做出了巨大的贡献。令人怀念的著名建筑师有吕彦直、梁思成、杨廷宝、范文照、赵深、童寯、陈植、董大酉、卢树森、徐敬直、李惠白、奚福泉等人，他们在南京都有其成功之作，其中尤以吕彦直、杨廷宝、童寯引为代表。

在民国初年，南京的砖瓦在全国已享有盛名，并开始出现机制砖瓦厂。1921年中国水泥股份有限公司在南京成立，设有比较完整的轧石、磨碎、运输、装桶机械，这是国内最早成立的五大水泥厂之一。1927年后，营造业异常繁荣，水泥、砖瓦、采石等产业应运而兴。到1934年，南京砖瓦业有淡海、征业、大兴、新建、新利源、协议记、通华、宏业8个工厂。1935年在栖霞山筹建了江南水泥股份有限公司。正是由于水泥厂在南京出现，促使了钢筋混凝土结构的建筑在南京的发展和在当时大量应用了斜铺水泥方瓦。然而在南京出现水泥厂之前，在南京已有少数建筑应用了水泥材料，但都是从国外或其他城市运来的。例如，早在1892年在鼓楼岗建造的"马林诊所"的二层病房楼与门诊部都已应用了钢筋混凝土结构梁板作门廊与过梁。1910年南洋劝业会场上也出现了早期的钢筋混凝土壳体结构，当时是用来作为拱桥，跨度6米，由于造型新奇而引人注目。

哈尔滨建筑

哈尔滨位于松花江中游，阿什河下游，松嫩平原的东南缘。

其历史源远流长，是一座从来没有过城墙的城市。早在22000年前，旧石器时代晚期，这里就有人类活动。之后逐步成为中国古代北方民族的居住地，其最早的居民是商周至两汉时期的东胡、肃慎、貊扶余三大民族。公元10世纪30年代，女真人在这里建立了阿勒锦村，进行政治、经济、文化活动。这可以说是哈尔滨古代城市的雏形。哈尔滨是金、清两代王朝的发祥地。公元1115年，金代在上京（哈尔滨阿城市）建都，现存金上京会宁府遗址为国家一级文物保护单位。17世纪末18世纪初，出现了“哈尔滨”这一特指名称，19世纪末叶，哈尔滨地区已出现村屯数十个，形成了香坊、傅家店（现改名傅家甸）、顾乡屯、松罗堡、白旗窝堡等若干个自然村落。居民约3万人，交通、贸易、入口等因素开始膨胀，为城市的形成与发展奠定了基础。

近代的哈尔滨是在1898年以中东铁路的修筑为契机开始其全面的规划和建设的。1896年，在沙俄政府的一再威压之下，清政府被迫与之签订了《中俄御敌互相援助条约》（又称《中俄密约》），沙俄政府从中取得了从满洲里到绥芬河的中东铁路修筑权。3个月后，中俄双方又于1896年9月8日签订了《中俄合办东省铁路公司合同》，促使了中东铁路公司的成立。1897年，沙俄又通过《东省铁路公司续订合同》的签订进一步取得哈尔滨至大连的南满洲支线的修筑权。1898年，中东铁路建设工程总局由海参崴迁到哈尔滨，同年6月中东铁路的筑路工作全面展开。1898年6月9日就成为哈尔滨作为中东铁路附属地开始城市转型的历史纪元日。至1903年7月14日，全长2489.20公里的中东铁路全线正式通车运营。而哈尔滨作为中东铁路干线与南部支线的交会点和铁路附属地，自1898年开始迈出了近代城市建设的第一步。

1899年，沙皇俄国选择了北临松花江，南至马家沟的丘陵地带作为城市建设的中心，修筑城市路网，水运码头以及大量的建筑物,从而确定了早期哈尔滨作为铁路枢纽城市的基本结构。工商业及人口开始在哈尔滨一带聚集,至1903年,一座近现代城市的雏形已在哈尔滨形成。1904年2月10日,日俄战争在旅顺爆发,俄国战败。1905年8月,俄国被迫将中东铁路南部支线长春至大连段割让给日本,从而形成了由日本控制的"南满地区"和由沙俄控制的"北满地区"。1905年12月,日本迫使清政府签订了《东三省事宜条约》,使哈尔滨成为国际性商埠,此后,哈尔滨成为众多国家为扩大其在中国的势力范围而互相角逐的国际性城市,先后有33个国家的16万余侨民汇集这里,16个国家在此设领事馆。与此同时,中国民族资本在哈尔滨也有了较大发展,初步奠定了制粉、榨油、酿酒等民族工业基础。在开放与民族资本崛起的合力作用下,确立起哈尔滨在当时的北满经济中心和国际都市地位。城市建设速度大大加快,至1917年,哈尔滨城市的基本格局得以奠定,初步形成了新市街(今南岗区)、埠头(今道里区)、傅家甸(今道外区)和老城(今香坊区)四个大区,各区的功能性质和街网结构得到确定。1917~1931年间,哈尔滨的金融、商业、工业和居住建筑的建设出现了高潮。1931年日本发动了"九一八"事变,自此,哈尔滨处于日本统治之下长达14年之久,其间哈尔滨的城市发展出现了新的变化,至1945年,哈尔滨城市的多元化风格得以最终形成。1945~1949年间,城市建设活动基本处于停滞状态,三座纪念性建筑——南岗区中心广场的苏联红军纪念塔,火车站广场的苏联红军纪念碑和八区的抗日战争解放战争纪念塔,构成本时期特殊的城市建设活动。

近代哈尔滨是在一个特定历史条件下发展起来的具有自身特色的新兴近代城市。它因路而兴,在50年左右的发展过程中,它迅速地由一座鲜为人知的以农业文明为主的小渔村发展成为世界瞩目的国际商贸城市。成为仅次于上海的颇具名气的远东

大城市。经历了一个由“乡村形态→铁路附属地→商业化→城市现代化→国际商贸城市→畸形城市形态”的发展过程。

近代哈尔滨发展的速度是惊人的，城市规模迅速扩张开来，从1898年建城伊始至1920年，城市人口已近16万人，1930年不足40万人，1934年达50万人，到1945年全市人口已达68万人。为大规模的城市建设提供了人力资源。同时，巨大的资金投入和繁荣的对外贸易亦成为新城市建设的物质依托。1908年，哈尔滨的进出口贸易总额还只有1785万两，到了1914年就达到了7049万两，短短的五年时间增长了三倍多。与此同时，外国资本也源源不断地注入这片新兴的土地上，到1902年，外国对哈尔滨投资占对华投资总数的27.4%，1904年，俄国对哈尔滨投资已达5亿多卢布。至“九一八”事变前，俄国对哈尔滨投资总额达10亿卢布。继俄国之后，日本、英国、美国、法国、德国等国家共对哈尔滨投资3.38亿美元。为哈尔滨城市现代化的迅速发展提供了强大的物质基础。哈尔滨因路而兴，因而最初是以香坊、道里和傅家甸为中心发展起来的，随着城市规模的不断扩大，到1938年哈尔滨的市区已经扩展为由埠头区、新阳区、南岗区、马家区、东傅家区、西傅家区、顾乡区、香坊区、太平区、松涌区等10个区组成的范围。

随着城市规模的不断扩大，市政建设也有了很大的发展。哈尔滨是中国第一个以汽车（而不是马车）交通需要为主，通道系统服从于交通要求的城市。其以南岗、道里、道外三个相对封闭的地点发展形成的各自为中心的城市风貌，建城之初，就在香坊一带修筑了草料街、卫生街、香顺街、通道大街等街道，成了哈尔滨最初的城市交通网络。1898年，中东铁路工程局将沿江附近地段拨给散居于哈尔滨的中国人，这条街后来便被称为“中国大街”（即今天的中央大街），同年，马家沟木桥建成，第一松花江大桥开工架设（1901年建成通车）。1901年5月，第二松花江大桥开工架设，同年石头道街开通，成为联系道里、道外的唯一道路……由于哈尔滨市历史上各个时期、各地区发展不均衡，加之陡坎的地形与各个地区的分割，造成道路格局复杂，风格多样，基本有6种格局：①在欧洲先进规划思想指导下形成的以方格网为主，放射路和半环路为辅的南岗新城道路网格局；②适合东北寒冷地区商业店铺的东西向街坊长，南北向街坊短的道里中心区道路网格局；③在随机聚落形成的基础上，经过规划建设修整的、适合商业发展的道外区小方格网道路格局；④体现20世纪20年代都市计划思想，30年代后期形成的南岗马家沟地区的巴洛克式的道路网格局；⑤经过规划形成的适合居住街坊的棋盘式路网格局；⑥自由式与棋盘式相结合的香坊区路网格局，城市道路的多样性丰富了城市形象，增强了城市本身的识别性。对哈尔滨近代的城市形态和格局产生了巨大的影响。

城市绿化建设也是对哈尔滨近代的城市风貌产生巨大影响的不可忽视的重要因素。城市公园绿化、街心花园和街旁绿化是哈尔滨近代城市绿化的主要三种模式，形成了哈尔滨所独有的美丽公园和街道。经过多年的努力，哈尔滨的公共绿地面积已达到很高的水平。据统计，到1939年6月为止，经过40年的发展建设，哈尔滨共有城市公园的总面积已达783830m^2。按当时哈尔滨的人口总数为340809人计算，平均每人的公园面积为2.30m^2。其具体的分布是：埠头区公园面积是113717m^2，人口总数54535人，平均每人公园面积为2.08m^2；新城区公园面积为127063m^2，人口总数为32524人，平均每人公园面积为3.90m^2；马家沟河一带的公园面积为163174m^2，人口总数为27610人，平均每人公园面积为5.91m^2；傅家甸公园面积为355376m^2，人口总数为170667人，平均每人公园面积为2.08m^2；新阳路一带的公园面积为24500m^2，人口总数为55473人，平均每人公园面积为0.44m^2。

哈尔滨的近代建筑主要表现为四种主要风格，即古朴的俄罗斯式；自由浪漫的“新艺术”风格；丰富和谐的折中主义；以及简洁自然的日本近代式。正是这种独特的建筑文化和哈尔滨秀丽的自然风光共同构筑了哈尔滨浪漫迷人的景观。而最具代表性的建筑群当属哈尔滨的中央大街。中央大街始建于1898年，初称“中国大街”。1925年改称为沿袭至今的“中央大街”，后发展成为哈尔滨市最繁华的商业街。大街北起松花江防洪纪念塔，南至经纬街，全长1450米，宽21.34米，其中车行方石路10.8米宽。1898年，哈尔滨开始大规模地修筑铁路和城市建设，来自关内及邻省的劳工大量涌入哈尔滨，原沿江地段是古河道，尽是荒凉低洼的草甸子，运送铁路器材的马车在泥泞中开出一条土道，这便是中央大街的雏形，于是中东铁路工程局将沿江荒地拨给散居哈尔滨的中国人，至1900年即形成“中国大街”意为中国人居住的大街。在狭窄的街道两旁是阴沟，铺上木板，铁板、供人行走，在各十字路口架着木桥，走在这条大街上的是骡马驾驭的车子。晴天尘土飞扬，雨天泥泞不堪，由于埠头区的建立，这里俄人的铺子也多了起来，牌匾多用俄文，他们经营杂货修表等，所以虽称“中国大街”但两侧多为欧式建筑，商业也多为外国人经营，犹如外国城市一般。1924年5月，由俄国工程师科姆特拉肖克设计与监工，中国大街铺上了方石，顿时显得华贵起来，当时中国大街上的外国商店、药店、饭店、旅店、酒吧、舞厅不计其数，其中道里秋林分公司、马迭尔旅馆在整个远东地区也是颇有名气的，在这条哈尔滨最时髦的街上，俄国的毛皮、英国的呢绒、法国的香水、德国的药品、日本的棉布、美国的洋油、瑞士的钟表、爪哇的砂糖、印度的麻袋，以及各国干鲜果品均有出售，不亚于一个国际商品博览会。

1928年7月，中国大街正式改名为“中央大街”，被誉称“哈尔滨第一街”的中央大街，最能体现哈尔滨被誉为“东方小巴黎”和

"东方莫斯科"的丰富内涵。今天,中央大街是哈尔滨的老街、名街、保护街道、标志性街道、步行街、建筑艺术街、繁华商业街、旅游休闲街、公众文化街,又是当年(20世纪30年代)远东最著名的移民街,最繁华的商业街、金融街、文化街,大街两侧洋行商店、饭店旅馆、舞厅影院、餐馆酒吧林立。大街的建筑,穹窿突起、拱券高窗,或高雅古典,或挺拔秀丽,有常见的起源于十五六世纪的文艺复兴式,17世纪的巴洛克式,以及19世纪末20世纪初的新艺术运动建筑。全街建有欧式及仿欧式建筑71栋,汇集了文艺复兴、巴洛克、折中主义及现代多种欧式风格。这些建筑体现了西方建筑艺术的精华,整条中央大街就是一条建筑艺术长廊。

由于哈尔滨始终处于单一帝国主义控制下,先是沙皇俄国,后是日本,在每一个历史时期内部不存在激烈的争夺和势力冲突,所以城市发展比较有秩序,有统一的规划。1898年6月,中东铁路工程局进驻哈尔滨后就马上委托A.K.列夫捷耶夫负责哈尔滨的市区规划。1898年初至1899年,制定了秦家岗(现南岗区)全面规划和埠头区整顿规划,这两个规则紧紧围绕铁路做文章,用铁路的走向来划分城市的区域,确立了不同区域的不同功能;规划了城市的路网系统,并充分考虑到了哈尔滨地势起伏和临江(松花江)、靠河(家沟河)的特点,合理地设置道路系统的走向和建筑布局;注重城市的规划和布局,圆形的城市广场成为城市景观中重要组成部分和放射状道路系统的连接点;注重城市绿化体系规划,采用城市公园、街心花园和街旁绿化这种多层次的模式来规划城市绿地系统,使城市建筑与优美的绿化环境相融合,构成特色鲜明的城市景观。早期的哈尔滨规划对哈尔滨的建设起到了重要的指导作用,奠定了近代哈尔滨市区的基本形态和格局。

1931年之后,日本开始统治哈尔滨,并于1934年制定并通过了大哈尔滨都市计划,其要点主要包括:一是对城市规模做出了规划,并提出设置卫星城的做法;二是对道路和广场提出了新的设想;三是对公共建筑用地以及沿松花江绿地带和市区外围绿地带提出新的规划;此外,新规划还涉及飞机场、水路和运河、铁路建设以及大量军事设施建设等方面的内容。由于战争以及日本在哈尔滨统治的结束,哈尔滨都市计划实际上只实施了8年(1933~1941年)。期间,哈尔滨成为日本侵略者进行欧美近代城市规划理论与技术的实验场所。

哈尔滨从1898年7月开始做城市规划,城市建设完全是按规划逐步展开的。从而使得城市建筑建构出完整的体系,城市文化渲染出现新的特色,城市建筑艺术风貌体现出多样统一的构成与机制。从整体上构造出哈尔滨独特的城市景观。

广府建筑

1. 中西合璧的岭南建筑——中山纪念堂

从东风中路上看中山纪念堂,这一中西合璧之岭南风格建筑的典范之作,绝大多数是在乘车的时候。透过玻璃窗,目光掠过一片巨大的绿色草坪,抵达那座极其与众不同的建筑,伞形的屋顶,原本是蓝紫色的屋瓦在阳光下闪闪发光,被蓝天映衬得愈发的蓝了。无疑,它一诞生即被当做广州的标志之一。但车轮滑过时的仓促,跟它那须仔细反复琢磨观察的沉静丰富之间形成巨大的冲突。从东风路上看中山纪念堂,只能有一个结果,恍如惊鸿一瞥。

1929年动工,1931年10月建成,我国著名建筑师吕彦直因设计了中山纪念堂而名扬海内外。中山纪念堂主体,是一座钢筋混凝土结构的角形宫殿式建筑,上部是八角攒尖重檐歇山顶,檐下朱色大石柱烘托着彩绘的廊檐和拼花图案的天花板。红柱黄砖衬着宝蓝钯琉璃瓦盖。梁柱周围装饰着民族风格的彩画图案,金碧辉煌。大礼堂正门上方,挂有孙中山手书的“天下为公”四字横匾,礼堂内看不到一根柱子,支撑大屋顶的8根柱子隐藏在壁内。真可谓巧夺天工。

或许是它的正面太庄严肃穆,太让人难以亲近了。一次,偶然步行在应元路上,也经过它的背面,透过被漆成红色的铁栅栏,扶疏的亚热带树木间,廊檐上的彩绘清晰可辨,檐角的铜铃在风中轻轻摇摆,声音可是被马路上的车声全然淹没了。然而,整座建筑——从这个角度看其实挺庞大的,跟马路对面的越秀山呼应着一种属于时间的宁静氛围。

广州市政府大楼、华南理工大学里那些属于老中山大学时代的校舍,还有孙中山文献馆,这些属于十九世纪三十年代左右的被说成是“折中主义”风格的建筑,都伫立在苍翠的古木中。让经过它们的人,或多或少地,都不禁要油然而生出感触。

2.岭南建筑艺术的瑰宝——陈氏书院

因为太有名气了,陈氏书院门口开阔的广场上,总是停满旅行社的巴士,因为参观这里,被当做是来广州旅游的人指定地点之一。一车车人被载来这里,匆匆参观完毕,又匆匆地离开,去做另一个指定动作。其中一定有人会觉得遗憾吧?不知道那人是否会重来呢?

陈氏书院,广州人平时一般都叫它“陈家祠”。清光绪十六至二十年(1890~1894年),当时广东省七十二县陈姓宗亲,合资兴建了一组典型岭南风格的建筑群。这组“阔五间,深三进”格局,

由大小19座厅房、6个庭院组成的院落式建筑群，当年同时具备着学校（书院）和宗族祠堂双重作用。现在还是广东民间工艺博物馆的所在，去到那里，可以了解到广东别具一格的民间工艺门类和欣赏到一些作品。

作为岭南建筑的代表者，陈氏书院汇集了广东民间建筑装饰艺术之大成。木雕、砖雕、石雕、陶塑、灰塑、铁铸、铜铸和彩画等本土民间建筑装饰工艺，在此都得到了精妙的运用。在经历过一个多世纪的战乱和动荡后，保存得都算相当完好，于是晚清那精雕细琢、华丽奢靡的建筑装饰风格，也随之活现于后人眼前。

造出那么华丽的房子来给族中的孩子们读书，可以在那样舒适的庭院里嬉戏，又或在月台上赏月吟诗，寒窗苦读的意味，应该不那么强烈吧？那些于隔扇于屏门、于柱础于瓦脊、于檐板于廊柱、于月梁于券门、于栏杆于墙裙的令人目不暇接的雕塑彩绘，都在给孩子们讲述着一些著名的历史传奇故事，最多的是三国和水浒；吉祥的民间传说以及文人雅士的日常生活情节，再加上族中举行祭祀祖先的重大仪式时的情形。估计“忠义孝悌”的种子，就是那样在潜移默化中播撒到子弟们心里的。

那么多繁复细腻的各种雕塑，恐怕没有人能一次就看得完，吸收得了。何况没有架梯子，又怎么看得真呢？真想那么做的人，可以将他或她的行为定为极限运动的一种——眼睛的极限运动。要是有人能将那里所有的雕塑都仔细地拍下来，再仔细地砌成一幅完整的图片，放在一间房子里头展览，对于饶有兴致的参观者来说，该是一件多么好的事情呢？

在那么高大阴凉的房舍里待着，在廊庑中慢步，在青云巷里凉快着；庭院里满眼苍翠，黄心的白色鸡蛋花不吝惜地散发着清香，雨水落满了院中巨大的鱼缸，隐约可见鱼儿潜入缸底，读书声也从很远很远的地方飘来……

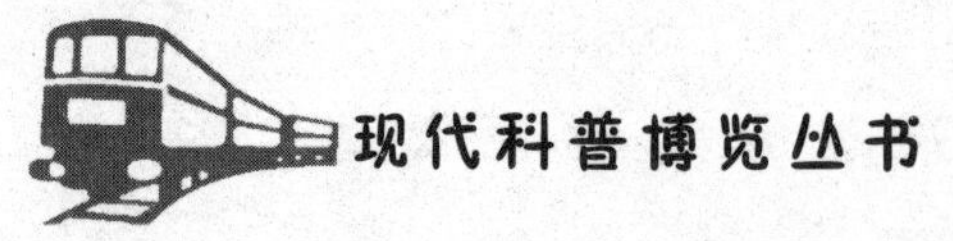

早在20世纪20年代，陈氏书院的建筑及其装饰艺术，就因曾载入德国学者陂士敏的著作《世界建筑艺术》、日本森清太郎编撰的《岭南纪胜》以及英文版的《中国建筑艺术》等书籍中，而为世人瞩目。

3.佛山黄飞鸿纪念馆

黄飞鸿为清代“广东十虎”之一，有关其传奇故事在民间广为流传，家喻户晓。黄飞鸿比起其他的历史人物，无形中更有一份亲和力，因为我们拥有关于他的一百多部电影。自四五十年代时起，黄飞鸿即成为香港武侠片中一个主要代表人物，其中以徐克执导的“黄飞鸿系列”最具风格特色。在影片中，徐克将黄飞鸿塑造成为武功高强，不畏强暴，抵御外侮，惩恶扬善的民间英雄形象，黄飞鸿不再是黄飞鸿，他成为香港电影的一个浪漫符号。走访新建的黄飞鸿纪念馆，更有助我们了解这位充满地方色彩的传奇人物。

采用了现实主义和浪漫主义相结合表现手法的佛山黄飞鸿纪念馆，坐落在佛山市区中心、著名旅游胜地祖庙的北侧，总占地面积五千多平方米。纪念馆共两层，为二进深、三开间仿清代一耳式、风火式山墙建筑，是典型的晚清嘉庆、道光时期珠江三角洲一带会馆的建筑风格。纪念馆尽管在去年刚刚落成不久，但在整体建筑上用料精挑细选，如在正门口安置了一对颇有历史感的石狮子；正门上边两套砖雕是清代中叶的砖雕制品；正面墙壁用的1万块水磨砖是清代最高级的外墙装饰砖，由于土质的不同，这种砖现在很难烧制，可谓用一块少一块；纪念馆大门用的是收购来的一套珍贵的柚木趟栊，宽1.5米多，高3.7米多，还配套有原装的门夹石，与柚木趟栊配合得天衣无缝，纪念馆前竖一条十多米高的木旗杆，显得气势雄伟。

馆内设有陈列馆、影视厅、演武厅、练武天井等。陈列展览的各部分内容浑然一体，分别以珍贵文献、大量照片以及影像资料，很好地体现了具有高度典型性的黄飞鸿形象。磨砖对缝的清水墙，依典型佛山民居结构；头门、耳房、天井；连廊、大厅的布局，保存了三间两廊的合院式建筑；梁架、柱础、砖雕，檐板、屏风、门窗、栏板等建筑构件，能征集旧料则尽量征集，以保留历史风韵。屋顶与脊饰彩画建筑装饰，运用了象征的手法：九狮图代表威严，九鱼图代表进取，九鹤图代表长寿，梅花象征高洁，缠枝象征延绵等，这就使典型环境与典型人物相得益彰，显示了佛山建筑装饰工艺的底蕴。值得一提的应该是演武厅，大厅的中央放有黄飞鸿的肖像，其他装饰显得非常简洁，两旁摆着两头醒狮，均为典型的“佛(佛山)装”黑狮，狮头具有青鼻、铁角、长须等特征。环视整个大厅，感到演武厅内的气氛更为庄严。而演武厅旁设有仿原有宝芝林而造的药房一间，黄飞鸿创立的宝芝林，因为跌打中药跟武术有密切联系，也使佛山成了著名的跌打中药之乡。

陈列馆除了展示真实生活中的黄飞鸿，更多的篇幅是介绍了文艺作品中的“佛山黄飞鸿”。收集了与黄飞鸿有关的各种文物近千件，包括1933年出版的第一部描写黄飞鸿小说《黄飞鸿别传》、1936年出版的《黄飞鸿工字伏虎拳谱》以及黄飞鸿开设宝芝林的宣传单张等，三四十年代的报纸以及与黄飞鸿有关的电影。文学作品中的典型人物，是从现实生活里概括、创造出来的。一些优秀的描写黄飞鸿的小说和影视、舞台作品，都曾深入、具体地了解黄飞鸿所处的时代特点、阶段地位和社会关系；了解影响造就、决定黄飞鸿思想性格的社会政治经济环境，这就使有血有肉的黄飞鸿深刻地打上了佛山的印记。

黄飞鸿祖籍南海西樵岭西禄舟村，1847年7月生于佛山。他六岁起随父黄麒英学武，又拜“广东十虎”的铁桥三首徒林福成为

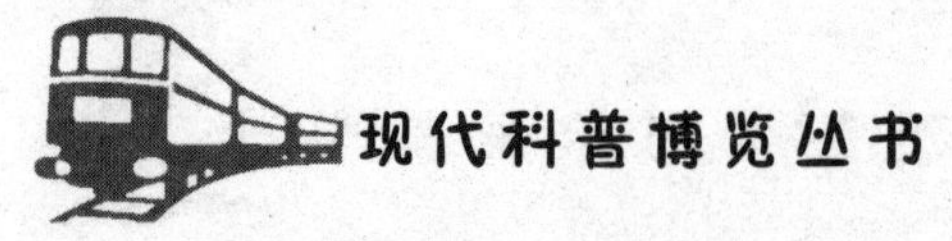

师，后被清朝著名将领刘永福聘为技击教练和军医官以及广东民团总教练，曾随刘永福赴台抗日立下功勋。黄飞鸿的洪拳以狮子采高青、五郎八卦棍、无影脚等绝技闻名。现传下的武术套路有工字伏虎拳、虎鹤双形拳、铁线拳、五形拳等多种武艺，虽然并不最先发源于佛山，但却因黄飞鸿的发扬光大而使佛山作为重要的武术发扬基地。黄飞鸿死于1924年。

4.雕刻时光的痕迹——广州民居

一位作家曾经以忧悒的笔调写过这样的文字，他说，在今天，如果一个人被蒙上双眼绑架到数千里的地方，当在那遥远的所在，松开被绑架者眼睛上的布条，被绑架者睁眼一看，他会以为自己仍然还留在原来的城市中。

为什么？因为现在的建筑，已经越来越失去特色，千城一面，广州番禺的住宅小区，房子修得是漂亮整齐，但住在北京和上海，甚至一些发展迅速的二线城市，不也一样，只是窗外流过的那条河，名字究竟是珠江、黄浦、江嘉陵江还是松花江的区别。

它们，或许通通是城市多年以后的记忆。但是，我们居住着的这座城市，它今天的记忆，很显然不是在未来，而是在已经逝去的日子里。

在经历了岁月的侵蚀，天灾人祸之后，还能留得下来的建筑，更多的其实是民居。它们的存在，为城市经营出时光流逝的痕迹，记忆的味道，松弛闲散的韵致，浓郁地道的当地生活气息。

当你流连在西关，又或河南南华西街那些迷宫一般的小巷子里。那里保留着多数建成于19世纪下半叶至20世纪初的典型广州人的居所：从有钱人家的气派的“西关大屋”，到小康人家栖居的“竹筒屋”，还有河南南华西街内历史更悠久的古老大屋，旧时代生活的气息扑面而来，让你不禁要把目光流连于那些矮脚门上

的雕花，趟栊，“绿豆青”水磨大青砖，花茬……你其实根本叫不出名字的建筑和装饰细节，沉湎其中或者浮光掠影。

“绿叶摇风诗宛转，红花经雨书玲珑”的雅意似乎再难寻觅，但啜田螺、整木屐、一盅两件、飞发、三姑六婆……旧时西关生活的内容，换了包装也依然不难辨认得出。

上海建筑

从鸦片战争到19世纪60年代中期的20余年间，上海就已经发展成为全国进出口贸易和近代企业的中心，并得到了巩固和发展。从1844~1853年，上海的进出口贸易总值增加了35倍多；1865~1935年，上海的贸易量增加达35倍。随着西方列强对华侵略的深化，外商在沪的投资不断加强。1914年，外国人在上海用于企业的投资总额达2.91亿美元。进入30年代，外商对华的资本输入进一步加强。另一方面，自李鸿章于1862年创办洋炮局伊始，上海的民族工商业也在逆境中成长起来，并在持续的群众反帝反封建的呼声中得到发展和壮大，大大促进了上海城市经济的发展。经济的发展和入口的聚集为大规模的城市建设提供了物质基础，加速了上海的现代化进程。

上海城市规模的扩大还体现在区域的扩张上。综观近代上海都市的区划范围可以看出，它并不是在旧上海县城的基础上拓展开来的，而是以城外租界为基础发展起来的。1845年出台的《上海土地章程》正式划定了第一块英租界的东、南、北三界（翌年又划定了其西界），共计面积约830亩（约553,278m^2），1848年法租界面积约986亩；此后，英美法等国得寸进尺，不断地扩大租界范围，经过逐年的扩展，至1914年，法租界总面积达到15150亩，

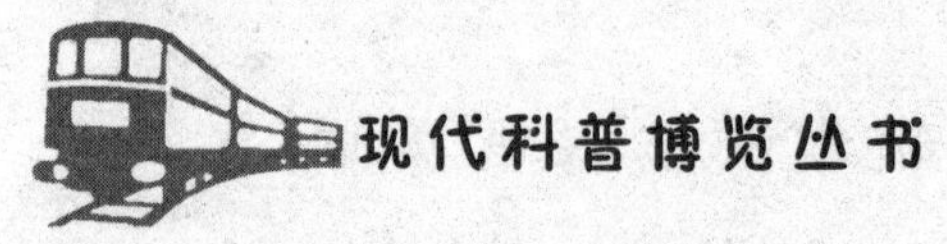

1915年公共租界所强占的土地总面积达到54793亩,合约36平方公里。大大地改变了上海的区域范围,整个城市被“三分天下”,即划割成了公共租界、法租界、华界三个地区。形成了新的城市格局随着租界的开辟和迅速膨胀,上海逐渐成为帝国主义掠夺中国资源和人民劳动果实的吸血口,是外国资本主义侵略中国的桥头堡。

随着租界的扩张和建设,租界市政管理体制逐渐建立起来,1846年成立了道路码头管理委员会,1854年7月11日工部局成立。至此,租界内的建筑活动有了与之直接相对应的政府管理部门。租界开辟之初,西方侨民所进行的第一次市政建设就是修路。1846年,英租界在道路码头委员会的组织下,首先修筑了“界路”(今河南中路),法租界在管理道路委员会掌管下,于1856年修筑了法外滩路(今中山东二路)、法大马路(今金陵东路)、霞飞路(今淮海中路)、敏体尼荫路(今西藏南路)。1865年,工部局决定统一路名,东西向的马路以中国城市命名,从北到南依次为:苏州路、北京路、宁波路、天津路、南京路、九江路、汉口路、福州路;南北向的马路以中国省份命名,从东到西有:四川路、江西路、河南路、山东路、福建路、湖北路、浙江路、广西路和云南路。马路宽度一般可容三四辆马车并驰,并以碎石铺地,天雨也无泥泞之患。至20世纪初,上海近代市政道路交通建设已经初具规模,为近代陆路交通运输创造了必要的条件。

道为车先,从此各种交通工具在沪出现:早在19世纪50年代上海地区就从欧美国家输入客运马车;19世纪60年代初,小车(又称独轮车、羊角车、江北车)传入上海;19世纪80年代,塌车在上海出现;老虎车约出现于19世纪末;1873年法国人米拉从日本引入人力车,成为19世纪末至20世纪30年代中期上海街头最常见的客运交通工具;此外,自行车作为一种新型的交通工具。在

上海开埠之初就已出现，至20世纪二三十年代，逐渐流行起来。

交通工具的变革为城市带来了新的活力，1901年上海出现了汽车，特别是1908年，英商上海电车公司第一辆有轨电车出现，开辟了上海现代化、社会化、大众化交通的新纪元。汽车运输业开始了长足的发展，并初步形成了大容量公共客运运输网的框架。交通运输的现代化反过来促进了上海现代工业、商业、金融、贸易的兴起和繁荣，加速了上海城市建设近代的进程。

与此同时，为了适应殖民者的需要，租界内还兴办了近代化的公共事业，并逐步走向现代化。西方侨民为闲暇生活所需，将西方的公共性公园引入上海。1868年，英美租界工部局在上海苏州河与黄浦江交界处的滩地，辟设了一个三十亩多一点的公园。园内按英国的园景风格设计，有大草坪、挺拔的乔木、连片的灌木和花团锦簇的花坛，路边还安置了供游人休憩的座椅。这一公园因其公共性，故在上海被称为“公花园”“公家花园”。1890年，工部局又在靠近外滩的苏州河边辟建了一个“华人公园”，向华人公众开放。是上海最早的两个大众性的公园。1864年，英美租界设立了大英自来火房（煤气设施），1865年供气。1881年，英商上海自来水公司成立。1883年租界内供水系统（市政、居民供水）逐步实现现代化，至90年代，自来水逐步普及。1882年，英商上海电光公司成立，电灯得以使用和普及。与煤气、水、电等现代城市设施大力发展的同时，租界内通信事业亦趋发达。1881年，上海大北电报公司开始兼营市内电话业务，1882年后由英商德律风公司接办。

特别值得注意的是，西方人在上海租界所开展的市政建设及其管理体制的建立对上海的华界产生了很大的影响，举凡租界建设有了新举措，华界必于不久后继起仿效。商业资本的兴起以及市民自治意识的增强为中国人自办市政建设提供了资金筹措和观念变革的可能性。再加上官方的介入，使上海华界的市政建设亦朝着近代化迈进。1895年南市马路工程局设立，负责开发修筑南市十六铺以南沿江滩地区的道路。1897年，长达2436米的外马路建成。1896年，华界区域也开始建造能通行人力车和马车的近代新式道路。1912年，上海在旧城基上修筑了新式马路，即今天的人民路和中华路。1914年全部完工。新修筑的环城马路把旧城、城外华界及租界连成一片，一个整体的近代上海都市在地域意义上形成了。

在近代上海的城市形态和结构经历巨变的同时，城市面貌也发生了巨大的改变。公共租界以其雄厚的资本，在外滩一线和南京路沿路改造、兴建了一批雍容华贵的高楼大厦，外滩优美的建筑以及南京路五彩缤纷的繁华气象成为公共租界高度繁荣的标志。别具风采的霞飞路则代表了法租界的高度繁荣。其中外滩及周围地区的发展是整个上海一个多世纪来历史的缩影，这里的建筑始终代表了上海建筑的最辉煌的成就。百余年来，外滩一直作为上海的象征出现在世人面前。外滩又名中山东一路，全长约1.5公里。原指旧上海县城至苏州河南岸的黄浦江西岸的滩地，1845年被辟为英租界，以后外国的洋行、银行等相继在此建立，至20世纪初，由于外国银行大量进驻上海，上海遂成为旧中国的金融中心。不少银行或财团在外滩大兴土木，营建豪华大厦。它北起外白渡桥，南抵金陵东路，东面西临黄浦江，西面鳞次栉比矗立着52幢各种风格的大厦，有哥特式、巴洛克式、古典主义式、文艺复兴式、中西合璧式等，其建筑群有“万国建筑博览”之称。

这里的建筑物自从外滩形成后便处于不断的翻建之中。很少有建筑物使用了50年以上而不翻建。有的建筑在不到一个世纪的时间里甚至翻建了2～3次。最后一次大规模翻建改造始于第一次世界大战之后。从1920年扬子大楼的建成到1937年中国

银行的竣工,外滩共有14幢建筑被拆除重建。这一次历史上最大规模的改建和重建活动,留下了一大批标志性建筑,作为一个至今令人难以替代的上海城市标志,外滩的面貌在二三十年代已基本形成。其中最亮丽的一道风景线无疑是号称从苏伊士运河到远东白令海峡最为豪华的英国汇丰银行上海分行。这幢占地9338m^2,几近正方形的庞然大物的造型风格属于英国新古典式,底层6扇铸花月洞形紫铜色大门,采用罗马石供,显示出不凡的气度;大门两侧摆着一对金光锃亮的铜狮子,威风凛凛;门洞后的大厅里粗大的爱奥尼式廊柱顶天立地;大厅中央上端处理为弓形钢架支撑的玻璃天窗,顶楼墙壁上装饰有精美的玻璃马赛克壁画,绘有8个世界著名城市(上海、香港、东京、曼谷、加尔各答、伦敦、巴黎、纽约)的风光,精彩绝伦。大楼还在全市率先使用了当时最先进的冷暖设施和消防设备,整个建筑耗资白银1000万两,无论外观装饰还是内部装饰,均显示出豪华的皇家气派。其他如外滩最高建筑的沙逊大厦,代表了国家行政权力的海关大厦等,都高度艺术地再现了东西方建筑语汇的特点和个性,代表了一个时代的最高水平。

近代上海由一个古老的东南渔镇迅速演变成一个现代国际通商大埠。其城市规模不断扩大,人口日益增长,城市状况越来越繁荣,出口越来越复杂。近代上海公共租界、法租界、华界三分天下的总格局在长期内不能得到改变,即使到了20年代,当中国的政局大动荡、大变化时,它也没能豁然而解。1927年4月18日,蒋介石在南京成立了代表官僚资产阶级利益的国民政府。1927年7月鉴于上海特别重要的地位和影响,国民政府决定:“上海为中华民国特别行政区域,定名为‘上海特别市’,不入省、县行政范围”。1930年,上海特别市改称上海市。此间,南京国民政府暨上海市政府组织当时的城市、建筑及各方面专家制定了一个“上海市市中心区域计划”。这是上海历史上第一次全面的、大型的、综合性的都市发展总体规划，对上海(除租界以外)作出了宏观的、系统的、全方位的设计，规划了建设上海成为新的国际大都市的蓝图，在上海城市建设史上具有开创性的意义。为上海的发展带来了新的契机。

1929年7月，上海市政府正式划定外东北方向的江湾区翔殷路以北、闸殷路以南、淞沪路以东及周南十图、衣五图以西的土地约七千亩，作为新的市中心区域。8月，新成立的市中心区域建设委员会，公布了《建设上海市市中心区域规划书》。其中主要涉及水陆运输、道路系统、分区计划等内容，将市中心区域按功能划分为三个区域，即政治区、商业区和住宅区。《建设上海市市中心区域规划书》是一个建设上海的首要计划、核心计划。此后，《黄浦江虬江码头计划》《上海分区计划》《上海市道路计划》等一些专题性的和全市性的计划出台，连同《建设上海市市中心区域规划书》共同构成了“大上海计划”，也称“大上海建设计划”“新上海建设计划”。其中主要涉及了开辟新港区，城市干道以及将整个城市划分为五大区域：行政区、工业区、商港区、商业区和宅区等内容，综观规划对上海的城市建设有许多积极意义。首先，开辟新港，抓住了上海城市发展的重点。将港口建设与城市建设紧密结合起来，必将有利于上海的发达与繁荣。其次，对扩大城市规模、疏散人口具有现实意义，推进了上海的现代化进程。再次，分区和道路系统规划具有很大的合理性，为使上海转变成一个先进的、崭新的都市提供了可依据的原则。最后，大上海计划是率先考虑有规模的开发浦东并将其列入计划的规划。大上海计划是第一次对上海，其中主要对华界的开发和建设做出了宏观的、整体的计划。勾画出了一幅新上海的美好蓝图，其根本目标是：一要使整个上海城市(包括黄浦江两岸)能有一个整体性的改变；二要使

上海都市实现现代化。在其后的8年里，上海市政府以其所能取得的经济力量，完成了计划中的多项建设，取得了有目共睹的成就。

首先，开辟了市中心区，其中建成了市政府新厦（1933年9月），同时建成的还有社会、土地、卫生、教育、工务等五局的临时房屋。1935年8月，上海市体育场竣工。到1935年底，又相继建成了市图书馆、市博物馆、市医院和市卫生实验所，至此，上海市中心早有了配套的大型体育设施、文化设施和卫生设施。同时市中心的道路网也得到了辟建，并建造了全长约两公里的轻便铁路“三民路支线”，为淞沪铁路与虬江码头之间的水陆运输提供了联系。

其次，虬江码头第一期工程完工。新码头可泊二万吨巨轮三艘和一万吨巨轮一艘，或同时停泊五千吨大船六艘。

最后，市政府还在华界内辟建了几条交通大道，包括中山路（今中山南路、中山西路、中山路）、浦东路（今浦东南路、浦东大道）、其美路（今四平路）、黄兴路。同时还对一些干道进行了改造。

8年中，市政府开展了一系列的建设活动，取得了一定的成就，改变了旧华界凝固的落后形象，振奋了民族自信心，振兴了上海，促进了整个上海走向更大的繁荣。但随着1937年“八一三”事变的爆发，日本侵略军进入上海，“大上海计划”被迫结束。

日军侵占上海后于1939年制定了“上海都市建设计划”，但由于战事频繁，计划并未得到实施。抗战胜利后，上海成立了都市委员会，并于1946年底制定了“大上海都市计划”的初稿，并历经修正，1949年春，第三稿完成。这一规划运用了卫星城镇、邻里单位、有机疏散理论等现代城市规划概念。比起30年代的“大上海计划”有了很大的进步。虽然它因为历史的原因而未能得到实施，但对后来的规划仍然有一定的启示作用。

九、陵墓建筑

大漠中的永恒

一提起埃及,也许在你的脑海里会立即浮现出金字塔和狮身人面像的形象吧。是的,耸立在尼罗河畔的古老而庄重的金字塔,已成为世界文化之瑰宝,被誉为"世界七大奇迹"之一。

大约在公元前三千年,埃及形成了统一的奴隶制帝国。国王称作法老,是最大的奴隶主,有着至高无上的权力。当时的人们崇拜大自然,相信人死之后,灵魂不灭,只要尸体不腐烂,三千年后就会在极乐世界里复活,像山川大漠一样永生。所以法老死后,满身被涂上香料,用布裹起来,制成"木乃伊",安葬在金字塔的重心处,期待有朝一日能升入极乐世界获得永生。

金字塔是古埃及法老为自己建造的陵墓。原文名字是"高"的意思,由于它们均为精确的正方锥体,无论从哪一面望去,都很像汉字中的"金"字,故我国历来称之为金字塔。

埃及有大大小小的金字塔七十多座,其中以吉萨金字塔群最为著名。它是由胡夫、哈夫拉、孟卡拉大小不等的三座金字塔所组成。最大的一座是胡夫金字塔,高146米,正方形底边每边长达230米,占地5.3公顷。它是用230多万块岩石砌成的,每块岩石重2.5吨到几十吨。石块磨得异常平整,中间的缝隙连极薄的刀片也插不进去。它屹立在一望无际的尼罗河三角洲原野上,简洁、高大而又稳健,令所有仰视它的人肃然起敬。

现代科学考察发现,金字塔的伟大与神奇,不单单在于它有雄伟的外观和精密的建造,更在于它所引发的一连串令人吃惊的数据:

(1)引申塔底面的纵平分线到无穷则为地球的子午线,它所通过的陆地比任何子午线经过的都要多,而且恰好将大陆分成相等的两部分。

(2)塔高×2=塔身每面三角形的面积。

(3)塔高×10亿倍=太阳与地球的距离。

(4)塔高×2/(边长×4)=圆周率π。

(5)底的对角线引申,正好将尼罗河三角洲包含在内。

科学家对金字塔的建造提出了种种质疑,有的甚至认为金字塔非人类所造,因为它的形体、角度、受力都必须经过周密的计算,才能数千年巍然屹立,而古埃及人的建筑水平无论如何达不到这样的高度。

那么,金字塔到底是如何建造的呢?至今仍是一大世界之谜,等待着人们去揭开它神秘的面纱。

在哈夫拉金字塔的前面,当时还建造了狮身人面像。古代埃及这种雕刻很多,但以这个为最大,称大斯芬克斯。它高约20米,长约46米,面阔4米,形象对称端庄。相传狮子的面部是按照哈夫拉的面目雕刻的。

斯芬克斯是希腊神话中的带翼狮身女怪,她总是让过路的人猜谜语,如果猜不出来,就把行人吃掉。过路的人没有一个能猜出她的谜语,所以凡遇到斯芬克斯的人,总是被她吃掉。后来有一位勇士叫俄底修斯,当他路过这里时斯芬克斯给他猜了这样一个谜，说有一个东西，早上用四条腿行走，中午用两条腿行走，晚上用三条腿行走，问他这是什么。俄底修斯想了想回答说，这是人!谜被猜对了，于是俄底修斯就把斯芬克斯摔下山去。

据传它鼻子残破处是1798年拿破仑军队远征埃及时用大炮轰毁的。历史上石像曾被多次修缮，并曾多次为沙漠掩埋，又多次被挖掘出来。最后一次挖掘是在1816年，它那1.7米长的鼻子早已不知去向。由于自然风化和战争、水灾等，现有的狮身人面像已伤痕累累，早已体现不出昔日法老的神威了。

爱情的珍珠

泰姬·玛哈尔陵是印度莫卧儿王朝第五代皇帝沙贾汗为其早逝的爱妻泰姬·玛哈尔建造的，是世界建筑史中最美丽的作品之一，被印度人民誉为“印度的珍珠”。

莫卧儿王朝统治印度的227年中，几乎一直充斥着动荡。大英帝国的入侵使印度这个末代王朝蒙辱带垢。王朝相传六代，父子争位、兄弟残杀的事件不断发生。沙贾汗也曾起兵争夺其父的王位，失败后过了七年的逃亡生活。这期间，与他患难与共的是其宠妃阿姬曼·芭奴。沙贾汗登基后，封这位多情美貌的宠妃为皇后，并赐以“慕姆泰姬·玛哈尔”的封号。后人对这封号有两种解释，或曰“美人”，或曰“宫廷的王冠”。

泰姬在一次陪皇帝出巡途中产下第14个孩子，不幸产后得了传染病，不久死去。沙贾汗在她临终前答应为她建造一座可与她的美貌与功勋相匹配的陵墓。

陵墓建在莫卧儿王朝首都阿格拉城堡附近。为了该墓的设计与施工，除集中了全印度的著名建筑师和工匠外，还聘请了土

耳其、伊朗、中亚、阿富汗和巴格达等地的建筑师。可以说这座陵墓总结了整个伊斯兰世界建筑的精华。它始建于1631年，每天动用两万名工匠，精心施工，历时22年，于1653年落成。

泰姬陵的入口是一座用印度特产红石砌成的宏伟而精致的城楼，穿过城楼，一条用红石铺成的长300米的甬道直通白色陵墓，甬道中段有一个十字形水池，中心为喷泉，四周植以竹草花木。陵墓两翼有红砂石的宫殿式建筑，西座是清真寺，东座是接待厅。水池中清水映着陵体的倒影，宛如泰姬对着明镜在梳妆。为了表现泰姬的永恒之美，陵体从东西南北四个方面看都是完整的，各具美感。早晨，大理石陵体在朝晖下呈桃红色，中午烈日把陵体照得浮光耀金，傍晚夕阳西下后陵体又现出乳白色。

登陵石级有22级，代表陵园建造花了22年。陵墓建在一座7米高、长宽各95米的正方形大理石基座上，寝宫居中，四角各有一座40米高的圆塔。寝宫共分5间宫室，中央宫室放着泰姬和国王的石棺。宫墙和石棺用珠宝镶嵌成各种花卉及人物图案，十分雍容华贵。

泰姬陵竣工时，沙贾汗国王仍在位。他对泰姬的情思像一根无形的丝线，萦绕在陵内外。国王曾梦想为自己建造一座与泰姬陵一样的黑大理石陵墓，好与白色的泰姬陵遥遥相对。可是，还没来得及动工，他的儿子奥朗则布就起来“抢班夺权”，他杀死兄弟各一人，赶走另一个哥哥，并把其父沙贾汗囚禁在阿格拉城堡中。这位多情的国王只能透过囚室的窗棂望着爱妻的陵墓。最后，他终于被安葬在泰姬陵的石棺中，与爱妻并卧。